AF340912

PETIT

DICTIONNAIRE

CLASSIQUE

D'HISTOIRE NATURELLE.

I.

PETIT DICTIONNAIRE Classique D'HISTOIRE NATURELLE, ou MORCEAUX CHOISIS

sur nos Connaissances acquises dans les trois Règnes de la Nature

PAR BERNARDIN DE St PIERRE, BUFFON, CHATEAUBRIAND, DELILLE, ÉLIEN, LACÉPÈDE, LINNÉ, PLINE, RACINE FILS, BOUCHER, St LAMBERT, &C. &C.

Mis en ordre

Par une Société de Naturalistes et de Gens de Lettres

Avec trente Planches Gravées à l'Anglaise.

Tome Premier.

Paris

A la Librairie Universelle

DE P. MONGIE AÎNÉ,

Boulevard des Italiens, N.10.

1827.

AVERTISSEMENT.

L'IDÉE qui a présidé à la réunion des
articles qui composent ce petit Diction-
naire est le désir de mettre sous les
yeux de la jeunesse les principales
notions de l'histoire naturelle, dans une
suite de tableaux tracés par des écri-
vains classiques, et de donner des leçons de littérature et de morale, tout
en fixant dans l'esprit ce que présentent de plus remarquable nos connaissances acquises dans l'histoire des trois
règnes.

Nous pensons aussi qu'on apprend
mal dans de mauvais livres. Tous ces
recueils négligés, où des mains incapa
bles ont défiguré l'histoire naturelle,
sous prétexte d'abréger l'étude aux enfans, ne sont faits que pour dégoûter
de la lecture et des sciences les plus sé-
duisantes. C'est le reproche qu'on peut
généralement faire à la plupart de nos
ouvrages d'éducation.

Ici, du moins, on ne trouvera que des

morceaux dignes d'occuper l'esprit et
de se fixer dans la mémoire, et les jeunes gens aimeront à apprendre ce que
les lecteurs plus âgés se plairont toujours à relire.

Les jolies figures qui sont jointes à cet
Ouvrage lui servent plutôt d'Ornement
que de Développement. Nous ne sommes pas entré dans les Descriptions
d'Animaux, d'Oiseaux ni de Poissons;
nous n'avons donné que des Morceaux
Classiques, et nous nous sommes borné, dans les figures, à représenter avec
exactitude les sujets les plus intéres-
sans, et à les nommer au bas des
planches, avec des renvois à chaque
objet. Les Planches, contenant souvent trois sujets différens, n'ont pu
être placées par ordre alphabétique;
elles sont répandues à peu près également dans chaque volume, où l'on
pourra les consulter au besoin.

PETIT

DICTIONNAIRE

D'HISTOIRE NATURELLE.

ABEILLES.

Nos observateurs admirent à l'envi l'intelligence et les talens des abeilles ; elles ont, disent-ils, un génie particulier, un art qui n'appartient qu'à elles, l'art de se bien gouverner : il faut savoir observer pour s'en apercevoir ; mais une ruche est une république où chaque individu ne travaille que pour la société, où tout est ordonné, distribué, réparti avec une prévoyance, une équité, une prudence admirables ; Athènes n'était pas mieux conduite ni mieux policée : plus on observe ce panier de mouches, et plus on découvre de merveilles ; un fonds de gouvernement inaltérable et toujours le même, un respect profond pour la personne en place, une vigilance singulière pour son service, la plus soigneuse attention pour ses plaisirs, un amour constant pour la patrie, une ardeur inconcevable pour le travail, une assiduité à l'ouvrage que rien n'égale, le plus grand dés-intéressement joint à la plus grande écono-mie, la plus fine géométrie employée à la plus élégante architecture, etc. Je ne finirais point, si je voulais seulement parcourir les annales de cette république, et tirer de l'histoire de ces insectes tous les traits qui ont excité l'ad-miration de leurs historiens.	*Buffon.*

MÊME SUJET.

Cent fois on a chanté ce peuple industrieux ;
Mais comment, sans transport, voir ces filles des cieux ?
Quel art bâtit leurs murs, quel travail peut suffire
A ces trésors de miel, à ces amas de cire ?
Je ne vous dirai point leurs combats éclatans,
Si la mort est donnée à l'un des combattans,
Si ce peuple est régi par une seule reine,
S'il peut d'un ver commun créer sa souveraine ;
Si leur cité contient trois peuples à la fois,
Époux, reine, ouvrière, hôtes des mêmes toits ;
D'autres décideront : mais leur noble industrie,
Mais ces hardis calculs de leur géométrie,
Leurs fonds pyramidaux savamment compassés,

1.er Perroquet blanc _ 2.e Aigle noir _ 3. (enjuar.

En six angles égaux leurs bâtimens tracés,
Cette forme élégante autant que régulière,
Qui ménage l'espace autant que la matière ;
Cette reine étonnante en sa fécondité,
Qui seule tous les ans fait sa postérité,
Et les profonds respects de son peuple qui l'aime,
Sont toujours un prodige, et non pas un problème.
Aussi de nos savans le regard curieux
Souvent pour une ruche abandonne les cieux.
Les Géer, les Réaumur ont décrit ces merveilles,
Et le chantre d'Auguste a chanté les abeilles.

Delille.

AIGLE.

L'AIGLE a plusieurs convenances physiques et morales avec le lion : la force, et par conséquent l'empire sur les autres oiseaux, comme le lion sur les quadrupèdes : la magnanimité ; il dédaigne également les petits animaux et méprise leurs insultes ; ce n'est qu'après avoir été long-temps provoqué par les cris importuns de la corneille ou de la pie que l'aigle se détermine à les punir de mort ; d'ailleurs il ne veut d'autre bien que celui qu'il conquiert, d'autre proie que celle qu'il prend lui-même : la tempérance ; il ne mange presque jamais son gibier en entier, et il laisse,

comme le lion, les débris et les restes aux autres animaux. Quelque affamé qu'il soit, il ne
se jette jamais sur les cadavres. Il est encore
solitaire comme le lion, habitant d'un désert
dont il défend l'entrée et l'usage de la chasse
à tous les autres oiseaux ; car il est peut-être
plus rare de voir deux paires d'aigles dans la
même portion de montagne, que deux familles de lions dans la même partie de forêt : ils se tiennent assez loin les uns des
autres pour que l'espace qu'ils se sont départi
leur fournisse une ample subsistance ; ils ne
comptent la valeur et l'étendue de leur
royaume que par le produit de la chasse.
L'aigle a de plus les yeux étincelans, et à peu
près de la même couleur que ceux du lion,
les ongles de la même forme, l'haleine tout
aussi forte, le cri également effrayant. Nés
tous deux pour le combat et la proie, ils sont
également ennemis de toute société, également féroces, également fiers et difficiles à
réduire ; on ne peut les apprivoiser qu'en les
prenant tout petits. Ce n'est qu'avec beaucoup de patience et d'art qu'on peut dresser
à la chasse un jeune aigle de cette espèce ; il

devient même dangereux pour son maitre dès qu'il a pris de la force et de l'âge.

C'est de tous les oiseaux celui qui s'élève le plus haut ; et c'est par cette raison que les anciens ont appelé l'aigle l'oiseau céleste, et qu'ils le regardaient dans les augures comme le messager de Jupiter.   *Buffon.*

Voyez LION.

AIR.

L'AIR, encore plus léger, plus fluide que l'eau, obéit aussi à un plus grand nombre de puissances ; l'action éloignée du soleil et de la lune, l'action immédiate de la mer, celle de la chaleur qui le raréfie, celle du froid qui le condense, y causent des agitations continuelles. Les vents sont ses courans ; ils poussent, ils assemblent les nuages, ils produisent les météores, et transportent au-dessus de la surface aride des continens terrestres les vapeurs humides des plages maritimes ; ils déterminent les orages, répandent et distribuent les pluies fécondes et les rosées bienfaisantes ; ils troublent les mouvemens de la mer, ils agitent la surface mobile des eaux, arrêtent ou précipitent les courans, les font rebrousser, soulèvent les flots, excitent les tempêtes; la mer irritée s'élève vers le ciel et vient en mugissant se briser contre des digues inébranlables, qu'avec tous ses efforts elle ne peut ni détruire ni surmonter.　　　　　*Buffon.*

ANE.

L'ANE n'est point un cheval dégénéré; il n'est ni étranger, ni intrus, ni bâtard; il a, comme tous les autres animaux, sa famille, son espèce, et son rang; son sang est pur, et quoique sa noblesse soit moins illustre, elle est tout aussi bonne, tout aussi ancienne que celle du cheval. Pourquoi donc tant de mépris pour cet animal si bon, si patient, si sobre, si utile? Les hommes mépriseraient-ils, jusque dans les animaux, ceux qui les servent trop bien et à trop peu de frais? On donne au cheval de l'éducation; on le soigne, on l'instruit, on l'exerce; tandis que l'âne, abandonné à la grossièreté du dernier des valets, où à la malice des enfans, bien loin d'acquérir, ne peut que perdre par son éducation; et s'il n'avait pas un grand fonds de bonnes qualités, il les

perdrait en effet par la manière dont on le
traite : il est le jouet, le plastron, le bardeau
des rustres qui le conduisent le bâton à la
main, qui le frappent, le surchargent, l'excèdent sans précaution, sans ménagement.
On ne fait pas attention que l'âne serait, par
lui-même, et pour nous, le premier, le plus
beau, le mieux fait, le plus distingué des
animaux, si dans le monde il n'y avait point
de cheval ; il est le second au lieu d'être le
premier, et par cela seul il semble n'être plus
rien. C'est la comparaison qui le dégrade : on
le regarde, on le juge, non pas en lui-même,
mais relativement au cheval ; on oublie qu'il
est âne, qu'il a toutes les qualités de sa nature, tous les dons attachés à son espèce, et
on ne pense qu'à la figure et aux qualités du
cheval, qui lui manquent, et qu'il ne doit pas
avoir.

Il est de son naturel aussi humble, aussi
patient, aussi tranquille, que le cheval est
fier, ardent, impétueux ; il souffre avec constance, et peut-être avec courage, les châtimens et les coups ; il est sobre, et sur la quantité, et sur la qualité de la nourriture ; il se

contente des herbes les plus dures, les plus
désagréables, que le cheval et les autres animaux lui laissent et dédaignent; il est fort
délicat sur l'eau, il ne veut boire que de la
plus claire et aux ruisseaux qui lui sont connus; il boit aussi sobrement qu'il mange, et
n'enfonce point du tout son nez dans l'eau,
par la peur que lui fait, dit-on, l'ombre de
ses oreilles. Comme l'on ne prend pas la peine
de l'étriller, il se roule souvent sur le gazon,
sur les chardons, sur la fougère, et, sans se
soucier beaucoup de ce qu'on lui fait porter,
il se couche pour se rouler toutes les fois qu'il
le peut; et semble par-là reprocher à son
maître le peu de soin qu'on prend de lui; car
il ne se vautre pas comme le cheval dans la
fange et dans l'eau; il craint même de se
mouiller les pieds, et se détourne pour éviter
la boue; aussi a-t-il la jambe plus sèche et
plus nette que le cheval. Il est susceptible
d'éducation, et l'on en a vu d'assez bien dressés pour faire curiosité de spectacle.

Dans la première jeunesse, il est gai et même
assez joli; il a de la légèreté, de la gentillesse;
mais il la perd bientôt, soit par l'âge, soit par les

mauvais traitemens, et il devient lent, indocile et têtu... Il s'attache cependant à son maître, quoiqu'il en soit ordinairement maltraité ; il le sent de loin et le distingue de tous les autres hommes ; il reconnaît aussi les lieux qu'il a coutume d'habiter, les chemins qu'il a fréquentés ; il a les yeux bons, l'odorat admirable, l'oreille excellente, ce qui a encore contribué à le faire mettre au nombre des animaux timides, qui ont tous, à ce qu'on prétend, l'ouïe très-fine et les oreilles longues. Lorsqu'on le surcharge, il le marque en inclinant la tête et baissant les oreilles ; lorsqu'on le tourmente trop, il ouvre la bouche et retire les lèvres d'une manière très-désagréable, ce qui lui donne l'air moqueur et dérisoire ; si on lui couvre les yeux, il reste immobile ; et lorsqu'il est couché sur le côté, si on lui place la tête de manière que l'œil soit appuyé sur la terre, et qu'on couvre l'autre œil avec une pierre ou un morceau de bois, il restera dans cette situation sans faire aucun mouvement et sans se secouer pour se relever. Il marche, il trotte, et il galoppe comme le cheval ; mais tous ses mouvemens sont petits et beaucoup

plus lents. Quoiqu'il puisse d'abord courir
avec assez de vitesse, il ne peut fournir qu'une
petite carrière pendant un petit espace de
temps ; et quelque allure qu'il prenne, si on
le presse, il est bientôt rendu.   *Buffon.*

MÊME SUJET.

Moins vif, moins valeureux, moins beau que le cheval,
L'âne est son suppléant, et non pas son rival ;
Il laisse au fier coursier sa superbe encolure,
Et son riche harnois, et sa brillante allure.
Instruit par un lourdaud, conduit par le bâton,
Sa parure est un bât, son régal un chardon.
Pour lui Mars n'ouvre point sa glorieuse école ;
Il n'est point conquérant, mais il est agricole.
Enfant, il a sa grâce et ses folâtres jeux ;
Jeune il est patient, robuste et courageux,
Et paie, en les servant avec persévérance,
Chez ses patrons ingrats sa triste vétérance.
    Son service zélé n'est jamais suspendu ;
Porteur laborieux, pourvoyeur assidu,
Entre ses deux paniers de pesanteur égale,
Chez le riche bourgeois, chez la veuve frugale,
Il vient les reins courbés et les flancs amaigris,
Souvent à jeun lui-même, alimenter Paris.
Quelquefois consolé par une chance heureuse,
Il sert de Bucéphale à la beauté peureuse ;
Et sa compagne enfin va dans chaque cité

Porter aux teints flétris les fleurs de la santé.
Il marche sans broncher au bord du précipice,
Reconnaît son chemin, son maître et son hospice.
De tous nos serviteurs c'est le moins exigeant;
Il naît, vieillit et meurt sous le chaume indigent;
Aux injustes rigueurs dont sa fierté s'indigne,
Son malheur patient noblement se résigne.
    Enfin quoique son aigre et déchirante voix
De sa rauque allégresse importune les bois,
Qu'il offense à la fois et les yeux et l'oreille,
Que le châtiment seul en marchant le réveille,
Qu'il soit hargneux, revêche et désobéissant,
A force de malheurs l'âne est intéressant :
Aussi le préjugé vainement le maltraite,
En dépit de l'orgueil il aura son poëte.
Homère, qui chanta tant de héros divers,
Auprès du grand Ajax le plaça dans ses vers.
La fable le nomma le coursier de Silène.
Ami des voluptés, il naquit pour la peine;
Et moi qui déplorai le sort des animaux,
J'ai dû peindre ses mœurs, ses bienfaits et ses maux.

Delille.

ANIMAUX.

L'ORGUEIL et l'ambition des animaux tiennent à leur courage naturel, c'est-à-dire au sentiment qu'ils ont de leur force, de leur agilité, etc. Les grands dédaignent les petits, et semblent mépriser leur audace insultante : on augmente même par l'éducation ce sang-froid, cet *à-propos* de courage ; on augmente aussi leur ardeur, on leur donne de l'éducation par l'exemple, car ils sont susceptibles et capables de tout, excepté de raison. En général les animaux peuvent apprendre à faire mille fois tout ce qu'ils ont fait une fois, à faire de suite ce qu'ils ne faisaient que par intervalles, à faire pendant long-temps ce qu'ils ne faisaient que pendant un instant, à faire volontiers ce qu'ils ne faisaient d'abord que par force, à faire par habitude ce qu'ils ont fait une fois par hasard, à faire d'eux-mêmes ce qu'ils voient faire aux autres. L'imitation est de tous les résultats de la machine animale, le plus admirable ; c'en est le mobile le plus délicat et le plus étendu ; c'est ce qui copie de plus près la pensée ; et quoique la cause en soit dans les animaux purement matérielle et mécanique, c'est par ses effets qu'ils nous étonnent davantage. Les hommes n'ont jamais plus admiré les singes que quand ils les ont vus imiter les actions humaines : en effet, il n'est point trop aisé de distinguer certaines copies de certains originaux; il y a si peu de gens d'ailleurs qui voient nettement combien il **y** a de distance entre faire et contrefaire, que les singes doivent être pour le gros du genre humain des êtres étonnans, humilians au point qu'on ne peut guère trouver mauvais qu'on ait donné sans hésiter plus d'esprit au singe, qui contrefait et copie l'homme, qu'à l'homme (si peu rare parmi nous) qui ne contre fait ni ne copie rien.

Cependant les singes sont tout au plus des gens à talens que nous prenons pour des gens d'esprit; quoiqu'ils aient l'art de nous imiter, ils n'en sont pas moins de la nature des bêtes, qui toutes ont plus ou moins le talent de l'imitation. A la vérité, dans presque tous les animaux ce talent est borné à l'espèce même, et ne s'étend point au delà de l'imitation de leurs semblables, au lieu que le singe, qui n'est pas plus de notre espèce que nous ne sommes de la sienne, ne laisse pas de copier quelques-unes de nos actions; mais c'est parce qu'il nous ressemble à quelques égards, c'est parce qu'il est extérieurement à peu près conformé comme nous ; et cette ressemblance grossière suffit pour qu'il puisse se donner des mouvemens, et même des suites de mouvemens semblables aux nôtres, pour qu'il puisse, en un mot, nous imiter grossièrement ; en sorte que tous ceux qui ne jugent des choses que par l'extérieur, trouvent ici comme ailleurs du dessein, de l'intelligence et de l'esprit, tandis qu'en effet il n'y a que des rapports de figure, de mouvement et d'organisation.

C'est par les rapports de mouvement que le chien prend les habitudes de son maître ; c'est par les rapports de figure que le singe contrefait les gestes humains ; c'est par les rapports d'organisation que le serin répète des airs de musique, et que le perroquet imite le signe le moins équivoque de la pensée, la parole, qui met à l'extérieur autant de différence entre l'homme et l'homme, qu'entre l'homme et la bête, puisqu'elle exprime dans les uns la lumière et la supériorité de l'esprit, qu'elle ne laisse apercevoir dans les autres qu'une confusion d'idées obscures ou empruntées, et que dans l'imbécille ou le perroquet, elle marque le dernier degré de la stupidité, c'est-à-dire l'impossibilité où ils sont tous deux de produire intérieurement la pensée, quoiqu'il ne leur manque aucun des organes nécessaires pour la rendre au dehors.

Il est aisé de prouver encore mieux que l'imitation n'est qu'un effet mécanique, un résultat purement machinal, dont la perfection dépend de la vivacité avec laquelle le sens intérieur matériel reçoit les impressions des objets, et de la facilité de les rendre au dehors par la similitude et la souplesse des organes extérieurs. Les gens qui ont les sens exquis, délicats, faciles à ébranler, et les membres obéissans, agiles et flexibles, sont, toutes choses égales d'ailleurs, les meilleurs acteurs, les meilleurs pantomimes, les meilleurs singes. Les enfans, sans y songer, prennent les habitudes du corps, empruntent les gestes, imitent les manières de ceux avec qui ils vivent ; ils sont aussi très-portés à répéter et à contrefaire. La plupart des jeunes gens les plus vifs et les moins pensans, qui ne voient que par les yeux du corps, saisissent cependant merveilleusement le ridicule des figures ; toute forme bizarre les affecte, toute représentation les frappe, **toute** nouveauté les émeut ; l'impression **en est** si forte, qu'ils représentent eux-mêmes ; ils racontent **avec** enthousiasme, ils copient facilement et avec grâce ; ils ont donc supérieurement le talent de l'imitation qui suppose l'organisation la plus parfaite, les dispositions du corps les plus heureuses, et auquel rien n'est plus opposé qu'une forte dose de bon sens.

Ainsi parmi les hommes, ce sont ordinairement ceux qui réfléchissent le moins qui ont le plus ce talent de l'imitation ; il n'est **donc** pas surprenant qu'on le trouve dans les animaux, qui ne réfléchissent point du tout ; ils doivent même l'avoir à un plus haut degré de perfection, parce qu'ils n'ont rien qui s'y oppose, parce qu'ils n'ont aucun principe par lequel ils puissent avoir la volonté d'être différens les uns des autres. C'est par notre âme que nous différons entre nous ; c'est par notre âme que nous sommes nous ; c'est d'elle que vient la diversité de nos caractères et la variété de nos actions ; les animaux, au contraire, qui n'ont point d'âme, n'ont point le *moi* qui est le principe de la différence, la cause qui constitue la personne ; ils doivent donc, lorsqu'ils se ressemblent par l'organisation, ou qu'ils sont de la même espèce, se copier tous, faire tous les mêmes choses et de la même façon, s'imiter en un mot beaucoup plus parfaitement que les hommes ne peuvent s'imiter les uns les autres ; et par conséquent ce talent d'imitation, bien loin de supposer de l'esprit et de la pensée dans les animaux, prouve au contraire qu'ils en sont absolument privés.

C'est par la même raison que l'éducation des animaux, quoique fort courte, est toujours heureuse : ils apprennent en très-peu de temps presque tout ce que savent leurs père et mère, et c'est par l'imitation qu'ils l'apprennent ; ils ont donc non - seulement l'expérience qu'ils peuvent acquérir par le sentiment, mais ils profitent encore, par le moyen de l'imitation, de l'expérience que les autres ont acquise.

EFFETS DE LA PEUR
SUR LES ANIMAUX.

Un jeune animal, tranquille habitant des forêts, qui tout à coup entend le son éclatant d'un cor, ou le bruit subit et nouveau d'une arme à feu, tressaille, bondit, et fuit par la seule violence de la secousse qu'il vient d'éprouver. Cependant, si ce bruit est sans effet, s'il cesse, l'animal reconnaît d'abord le silence ordinaire de la nature, il se calme, s'arrête, et regagne à pas égaux sa paisible retraite. Mais l'âge et l'expérience le rendront bientôt circonspect et timide, dès qu'à l'occasion d'un bruit pareil il se sera senti blessé, atteint ou poursuivi : ce sentiment de peine ou cette sensation de douleur se conserve dans son sens intérieur, et lorsque le même bruit se fait encore entendre, elle se renouvelle, et, se combinant avec l'ébranlement actuel, elle produit un sentiment durable, une passion subsistante, une vraie peur; l'animal fuit, et fuit de toutes ses forces, il fuit très-loin, il fuit long-temps, il fuit toujours, puisque souvent il abandonne à jamais son séjour ordinaire.

La peur est donc une passion dont l'animal est susceptible, quoiqu'il n'ait pas nos craintes raisonnées ou prévues; il en est de même de l'horreur, de la colère, de l'amour, quoiqu'il n'ait ni nos aversions réfléchies, ni nos haines durables, ni nos amitiés constantes. L'animal a toutes ces passions premières : elles ne supposent aucune connaissance, aucune idée, et ne sont fondées que sur l'expérience du sentiment, c'est-à-dire, sur la répétition des actes de douleur ou de plaisir, et le renouvellement des sensations antérieures du même genre. La colère, ou, si l'on veut, le courage naturel, se remarque dans les animaux qui sentent leurs forces, c'est-à-dire qui les ont éprouvées, mesurées, et trouvées supérieures à celles des autres : la peur est le partage des faibles; mais le sentiment d'amour leur appartient à tous.

SENTIMENT CHEZ LES ANIMAUX.

Les animaux sont-ils bornés aux seules passions que nous venons de décrire? La peur, la colère, l'horreur, l'amour et la jalousie, sont-elles les seules affections durables qu'ils puissent éprouver ? Il me semble qu'indépendamment de ces passions, dont le sentiment naturel, ou plutôt l'expérience du sentiment, rend les animaux susceptibles, ils ont encore des passions qui leur sont communiquées, et qui viennent de l'éducation, de l'exemple, de l'imitation, et de l'habitude ; ils ont leur espèce d'amitié, leur espèce d'orgueil, leur espèce d'ambition ; et quoiqu'on puisse déjà s'être assuré, par ce que nous avons dit, **que** dans toutes leurs opérations et dans tous les actes qui émanent de leurs passions, il n'entre ni réflexion, ni pensée, ni même aucune idée, cependant, comme les habitudes dont nous parlons sont celles qui semblent le plus supposer quelque degré d'intelligence, **et que** c'est ici où la nuance entre eux et nous est la plus délicate et la plus difficile à saisir, ce doit être aussi celle que nous devons examiner avec le plus de soin.

Y a-t-il rien de comparable à l'attachement du chien pour la personne de son maître ? On en a vu mourir sur le tombeau qui la renfermait ; mais (sans vouloir citer les prodiges ni les héros d'aucun genre) quelle fidélité à accompagner, quelle constance à suivre, quelle attention à défendre son maître ! quel empressement à rechercher ses caresses ! quelle docilité à lui obéir ! quelle patience à souffrir sa mauvaise humeur et des châtimens souvent injustes ! quelle douceur et quelle humilité pour tâcher de rentrer en grâce ! que de mouvemens, que d'inquiétude, que de chagrin s'il est absent ! que de joie lorsqu'il se retrouve ! A tous ces traits peut-on méconnaître l'amitié ? se marque-t-elle, même parmi nous, par des caractères aussi énergiques ?

Il en est de cette amitié comme de celle d'une femme pour son serin, d'un enfant pour son jouet, etc. ; toutes deux sont aussi peu réfléchies, toutes deux ne sont qu'un sentiment aveugle ; celui de l'animal est seulement plus naturel, puisqu'il est fondé sur le besoin, tandis que l'autre n'a pour objet qu'un insipide amusement auquel l'âme n'a point de part.

PRÉVOYANCE DES ANIMAUX.

MAIS si les animaux sont dépourvus d'entendement, d'esprit et de mémoire, s'ils sont privés de toute intelligence, si toutes leurs facultés dépendent de leurs sens, s'ils sont bornés à l'exercice et à l'expérience du sentiment seul, d'où peut venir cette espèce de prévoyance qu'on remarque dans quelques-uns d'entre eux ? Le seul sentiment peut-il faire qu'ils ramassent des vivres pendant l'été pour subsister pendant l'hiver ? Ceci ne suppose-t-il pas une comparaison des temps, une notion de l'avenir, une inquiétude raisonnée ? Pourquoi trouve-t-on à la fin de l'automne, dans le trou d'un mulot, assez de glands pour le nourrir jusqu'à l'été suivant ? Pourquoi cette abondante récolte de cire et de miel dans les ruches ? Pourquoi les fourmis font-elles des provisions ? Pourquoi les oiseaux feraient-ils des nids, s'ils ne savaient pas qu'ils en auront besoin pour y déposer leurs œufs et y élever leurs petits, etc. ? et tant d'autres faits particuliers que l'on raconte de la prévoyance des renards, qui cachent leur gibier en différens endroits pour le retrouver au besoin et s'en nourrir pendant plusieurs jours ; de la subtilité raisonnée des hiboux, qui savent ménager leur provision de souris en leur coupant les pates pour les empêcher de fuir ; de la pénétration merveilleuse des abeilles, qui savent d'avance que leur reine doit pondre dans un tel temps tel nombre d'œufs d'une certaine espèce, dont il doit sortir des vers de mouches mâles, et tel autre nombre d'œufs d'une autre espèce qui doivent produire les mouches neutres, et qui, en raison de cette connaissance de l'avenir, construisent tel nombre d'alvéoles plus grandes pour les premières, et tel autre nombre d'alvéoles plus petites pour les secondes ! etc., etc., etc.

Il n'est pas étonnant que l'homme, qui se connaît si peu lui-même, qui confond si souvent ses sensations et ses idées, qui distingue si peu le produit de son âme de celui de son cerveau, se compare aux animaux, et n'admette entre eux et lui qu'une nuance, dépendante d'un peu plus ou d'un peu moins de perfection dans les organes ; il n'est pas étonnant qu'il les fasse raisonner, s'entendre et se déterminer comme lui, et qu'il leur attribue, non-seulement les qualités qu'il a, mais encore celles qui lui manquent. Mais que l'homme s'examine, s'analyse et s'approfondisse, il reconnaîtra bientôt la noblesse de son être, il sentira l'existence de son âme, il cessera de s'avilir, et verra d'un coup d'œil la distance infinie que l'Être-Suprême a mise entre les bêtes et lui.

Dieu seul connaît le passé, le présent et l'avenir; il est de tous les temps, et voit dans tous les temps : l'homme, dont la durée est de si peu d'instans, ne voit que ces instans ; mais une puissance vive, immortelle, compare ces instans, les distingue, les ordonne ; c'est par elle qu'il connaît le présent, qu'il juge du passé, et qu'il prévoit l'avenir. Otez à l'homme cette lumière divine, vous effacez, vous obscurcissez son être, il ne restera que l'animal; il ignorera le passé; ne soupçonnera pas l'avenir, et ne saura même ce que c'est que le présent.

PERFECTIONNEMENT DES RACES.

Les petits animaux éphémères, ceux dont la vie est si courte qu'ils se renouvellent tous les ans par la génération, sont infiniment plus sujets que les autres animaux aux variétés et aux altérations de tout genre ; il en est de même des plantes annuelles en comparaison des autres végétaux ; il y en a même dont la nature est pour ainsi dire artificielle et factice. Le blé, par exemple, est une plante que l'homme a changée au point qu'elle n'existe nulle part dans l'état de nature ; on voit bien qu'il a quelque rapport avec l'ivraie, avec les gramens, les chiendents, et quelques autres herbes des prairies ; mais on ignore à laquelle de ces herbes on doit le rapporter : et comme il se renouvelle tous les ans, et que, servant de nourriture à l'homme, il est de toutes les plantes celle qu'il a le plus travaillée, il est aussi de toutes celle dont la nature est le plus altérée. L'homme peut donc non-seulement faire servir à ses besoins, à son usage, tous les individus de l'univers, mais il peut encore, avec le temps, changer, modifier et perfectionner les espèces ; c'est même le plus beau droit qu'il ait sur la nature. Avoir transformé une herbe stérile en blé est une espèce de création dont cependant il ne doit point s'enorgueillir, puisque ce n'est qu'à la sueur de son front, et par des cultures réitérées, qu'il peut tirer du sein de la terre ce pain, souvent amer, qui fait sa subsistance.

Les espèces que l'homme a beaucoup travaillées, tant dans les végétaux que dans les animaux, sont donc celles qui de toutes sont le plus altérées; et comme quelquefois elles le sont au point qu'on ne peut reconnaître leur forme primitive, comme dans le blé qui ne ressemble plus à la plante dont il a tiré son origine, il ne serait pas impossible que, dans la nombreuse variété des chiens que nous voyons aujourd'hui, il n'y en eût pas un seul de semblable au premier chien, ou plutôt au premier animal de cette espèce, qui s'est peut-être beaucoup altérée depuis la création, et dont la souche a pu par conséquent être très-différente des races qui subsistent actuellement, quoique ces races en soient originairement toutes également provenues.

La nature cependant ne manque jamais de reprendre ses droits dès qu'on la laisse agir en liberté : le froment jeté sur une terre inculte dégénère à la première année : si l'on recueillait ce grain dégénéré pour le jeter de même, le produit de cette seconde génération serait encore plus altéré, et, au bout d'un certain nombre d'années et de reproductions, l'homme verrait reparaître la plante originaire du froment, et saurait combien il faut de temps à la nature pour détruire le produit d'un art qui la contraint, et pour se réhabiliter.

COMPARAISON DES ANIMAUX
ET DES VÉGÉTAUX.

Dans la foule d'objets que nous présente ce vaste globe, dans le nombre infini des différentes productions dont sa surface est couverte et peuplée, les animaux tiennent le premier rang, tant par la conformité qu'ils ont avec nous, que par la supériorité que nous leur connaissons sur les êtres végétans ou inanimés. Les animaux ont par leurs sens, par leurs formes, par leurs mouvemens, beaucoup plus de rapports avec les choses qui les environnent que n'en ont les végétaux ; ceux-ci, par leur développement, par leur figure, par leur accroissement et par leurs différentes parties, ont aussi un plus grand nombre de rapports avec les objets extérieurs que n'en ont les minéraux ou les pierres, qui n'ont

2.

aucune sorte de vie ou de mouvement; et c'est par ce plus grand nombre de rapports que l'animal est réellement au-dessus du végétal, et le végétal au-dessus du minéral. Nous-mêmes, à ne considérer que la partie matérielle de notre être, nous ne sommes au-dessus des animaux que par quelques rapports de plus, tels que ceux que nous donnent la langue et la main; et quoique les ouvrages du Créateur soient en eux-mêmes tous également parfaits, l'animal est, selon notre façon d'apercevoir, l'ouvrage le plus complet de la nature, et l'homme en est le chef-d'œuvre.

En effet, que de ressorts, que de forces, que de machines et de mouvemens sont renfermés dans cette petite partie de matière qui compose le corps d'un animal! que de rapports, que d'harmonie, que de correspondance entre les parties! combien de combinaisons, d'arrangemens, de causes, d'effets, de principes, qui tous concourent au même but, et que nous ne connaissons que par des résultats si difficiles à comprendre, qu'ils n'ont cessé d'être des merveilles que par l'habitude que nous avons prise de n'y point réfléchir!

DIFFÉRENCE ENTRE L'ANIMAL
ET LE MINÉRAL.

L'animal n'a de commun avec le minéral que les qualités de la matière prise généralement ; sa substance a les mêmes propriétés virtuelles : elle est étendue, pesante, impénétrable comme tout le reste de la matière, mais son économie est toute différente. Le minéral n'est qu'une matière brute, inactive, insensible, n'agissant que par la contrainte des lois de la mécanique, n'obéissant qu'à la force généralement répandue dans l'univers, sans organisation, sans puissance, dénuée de toutes facultés, même de celle de se reproduire ; substance informe, faite pour être foulée aux pieds par les hommes et les animaux, laquelle, malgré le nom de métal précieux, n'en est pas moins méprisée par le sage, et ne peut avoir qu'une valeur arbitraire, toujours subordonnée à la volonté et dépendante de la convention des hommes. L'animal réunit toutes les puissances de la nature, les forces qui l'animent lui sont propres et particulières ; il veut, il agit, il se détermine, il opère, il communique par ses sens avec les objets les plus éloignés ; son individu est un centre où tout se rapporte, un point où l'univers entier se réfléchit, un monde en raccourci ; voilà les rapports qui lui sont propres ; ceux qui lui sont communs avec les végétaux sont les facultés de croître, de se développer, de se reproduire et de se multiplier.

LES ANIMAUX SAUVAGES.

Dans les animaux domestiques et dans l'homme, nous n'avons vu la nature que contrainte, rarement perfectionnée, souvent altérée, défigurée, et toujours environnée d'entraves ou chargée d'ornemens étrangers : maintenant elle va paraître nue, parée de sa seule simplicité, mais plus piquante par sa beauté naïve, sa démarche légère, son air libre, et par les autres attributs de la noblesse et de l'indépendance. Nous la verrons parcourant en souveraine la surface de la terre, partager son domaine entre les animaux, assigner à chacun son élément, son climat, sa subsistance : nous la verrons dans les forêts, dans les eaux, dans les plaines, dictant ses lois simples mais immuables, imprimant sur chaque espèce ses caractères inaltérables, et dispensant avec équité ses dons, compenser le bien et le mal ; donner aux uns la force et le courage, accompagnés du besoin et de la voracité ; aux autres, la douceur, la tempérance, la légèreté du corps, avec la crainte, l'inquiétude et la timidité ; à tous, la liberté avec des mœurs constantes ; à tous, des désirs toujours aisés à satisfaire, et toujours suivis d'une heureuse fécondité.

Amour et liberté, quels bienfaits ! ces animaux que nous appelons sauvages, parce qu'ils ne nous sont pas soumis, ont-ils besoin de plus pour être heureux ? Ils ont encore l'égalité ; ils ne sont ni les esclaves, ni les tyrans de leurs semblables ; l'individu n'a pas à craindre, comme l'homme, tout le reste de son espèce ; ils ont entre eux la paix, et la guerre ne leur vient que des étrangers ou de nous. Ils ont donc raison de fuir l'espèce humaine, de se dérober à notre aspect, de s'établir dans les solitudes éloignées de nos habitations, de se servir de toutes les ressources de leur instinct pour se mettre en sûreté, et d'employer, pour se soustraire à la puissance de l'homme, tous les moyens de liberté que la nature leur a fournis en même temps qu'elle leur a donné le désir de l'indépendance.

Les uns, et ce sont les plus doux, les plus innocens, les plus tranquilles, se contentent de s'éloigner, et passent leur vie dans nos campagnes ; ceux qui sont plus défians, plus farouches, s'enfoncent dans les bois ; d'autres, comme s'ils savaient qu'il n'y a nulle sûreté sur la surface de la terre, se creusent des demeures souterraines, se réfugient dans des cavernes, ou gagnent les sommets des montagnes les plus inaccessible ; enfin les plus féroces, ou plutôt les plus fiers, n'habitent que les déserts, et règnent en souverains dans ces climats brûlans, où l'homme, aussi sauvage qu'eux, ne peut leur disputer l'empire.

Cependant les animaux sauvages et libres sont peut-être, sans même en excepter l'homme, de tous les êtres vivans, les moins sujets aux altérations, aux changemens, aux variations de tout genre. Comme ils sont absolument les maîtres de choisir leur nourriture et leur climat, et qu'ils ne se contraignent pas plus qu'on ne les contraint, leur nature varie moins que celle des animaux domestiques, que l'on asservit, que l'on transporte, que l'on maltraite et qu'on nourrit sans consulter leur goût. Les animaux sauvages vivent constamment de la même façon : on ne les voit pas errer de climats en climats ; le bois où ils sont nés est une patrie à laquelle ils sont fidèlement attachés ; ils s'en éloignent rarement, et ne la quittent jamais que lorsqu'ils sentent qu'ils ne peuvent y vivre en sûreté ; et ce sont moins leurs ennemis qu'ils fuient que la présence de l'homme. La nature leur a donné des moyens et des ressources contre les autres animaux ; ils sont de pair avec eux ; ils connaissent leur force et leur adresse ; ils jugent leurs desseins, leurs démarches ; et s'ils ne peuvent les éviter, au moins ils se défendent corps à corps : ce sont, en un mot, des espèces de leur genre. Mais que peuvent-ils contre des êtres qui savent les trouver sans les voir, et les abattre sans les approcher ?

C'est donc l'homme qui les inquiète, qui les écarte, qui les disperse, qui les rend mille

fois plus sauvages qu'ils ne le seraient en effet,
car la plupart ne demandent que la tranquillité, la paix, et l'usage aussi modéré qu'innocent de l'air et de la terre; ils sont même
portés par la nature à demeurer ensemble,
à se réunir en famille, à former des espèces
de sociétés. On voit encore des vestiges de ces
sociétés dans les pays dont l'homme ne s'est
pas totalement emparé : on y voit même des
ouvrages faits en commun, des espèces de projets qui, sans être raisonnés, paraissent être
fondés sur des convenances raisonnables, dont
l'exécution suppose au moins l'accord, l'union
et le concours de ceux qui s'en occupent; et
ce n'est point par force ou par nécessité physique, comme les fourmis, les abeilles, etc.,
que les castors travaillent et bâtissent; car
ils ne sont contraints ni par l'espace, ni par
le temps, ni par le nombre; c'est par choix
qu'ils se réunissent; ceux qui se conviennent
demeurent ensemble, ceux qui ne se conviennent pas s'éloignent; et l'on en voit quelques-
uns qui, toujours rebutés par les autres, sont
obligés de vivre solitaires. Ce n'est aussi que
dans les pays reculés, éloignés, et où ils crai-

gnent peu la rencontre des hommes, qu'ils cherchent à s'établir et à rendre leur demeure plus fixe et plus commode, en y construisant des habitations, des espèces de bourgades qui représentent assez bien les faibles travaux et les premiers efforts d'une république naissante. Dans les pays, au contraire, où les hommes se sont répandus, la terreur semble habiter avec eux, il n'y a plus de société parmi les animaux, toute industrie cesse, tout art est étouffé ; ils ne songent plus à bâtir, ils négligent toute commodité : toujours pressés par la crainte et la nécessité, ils ne cherchent qu'à vivre, ils ne sont occupés qu'à fuir et se cacher ; et si, comme on doit le supposer, l'espèce humaine continue dans la suite des temps à peupler également toute la surface de la terre, on pourra, dans quelques siècles, regarder comme une fable l'histoire de nos castors.

On peut donc dire que les animaux, loin d'aller en augmentant, vont au contraire en diminuant de facultés et de talens ; le temps même travaille contre eux : plus l'espèce humaine se multiplie, se perfectionne, plus ils sentent le poids d'un empire aussi terrible qu'absolu, qui leur laissant à peine leur existence individuelle, leur ôte tout moyen de liberté, toute idée de société, et détruit jusqu'au germe de leur intelligence. Ce qu'ils sont devenus, ce qu'ils deviendront encore, n'indique peut-être pas assez ce qu'ils ont été ni ce qu'ils pourraient être. Qui sait, si l'espèce humaine était anéantie, auquel d'entre eux appartiendrait le sceptre de la terre ?

LES ANIMAUX CARNASSIERS.

QUOIQU'EN tout, ce qui nuit paraisse plus abondant que ce qui sert, cependant tout est bien, parce que dans l'univers physique le mal concourt au bien, et que rien en effet ne nuit à la nature. Si nuire est détruire des êtres animés, l'homme, considéré comme faisant partie du système général de ces êtres, n'est-il pas l'espèce la plus nuisible de toutes ? Lui seul immole, anéantit plus d'individus vivans que tous les animaux carnassiers n'en dévorent. Ils ne sont donc nuisibles que parce qu'ils sont rivaux de l'homme, parce qu'ils ont les mêmes appétits, le même goût pour la chair, et que, pour subvenir à un besoin de première nécessité, ils lui disputent quelquefois une proie qu'il réservait à ses excès; car nous sacrifions plus encore à notre intempérance que nous ne donnons à nos besoins. Destructeurs nés des êtres qui nous sont subordonnés, nous épuiserions la nature, si elle n'était inépuisable, si, par une fécondité aussi grande que notre déprédation, elle ne savait se réparer elle-même et se renouveler. Mais il est dans l'ordre que la mort serve à la vie, que la reproduction naisse de la destruction; quelque grande, quelque prématurée que soit donc la dépense de l'homme et des animaux carnassiers, le fonds, la quantité totale de substance vivante n'est point diminuée : et s'ils précipitent les destructions, ils hâtent en même temps des naissances nouvelles.

Les animaux qui par leur grandeur figurent dans l'univers, ne font que la plus petite partie des substances vivantes; la terre fourmille de petits animaux. Chaque plante, chaque graine, chaque particule de matière organique contient des milliers d'atomes animés.

Les végétaux paraissent être le premier fonds de la nature ; mais ce fonds de substance, tout abondant, tout inépuisable qu'il soit, suffirait à peine au nombre encore plus abondant d'insectes de toutes espèces. Leur pullulation, tout aussi nombreuse, et souvent plus prompte que la reproduction des plantes, indique assez combien ils sont surabondans ; car les plantes ne se reproduisent que tous les ans, il faut une saison entière pour en former la graine, au lieu que dans les insectes, et surtout dans les plus petites espèces, comme celle des pucerons, une seule saison suffit à plusieurs générations. Ils multiplieraient donc plus que les plantes, s'ils n'étaient détruits par d'autres animaux dont ils paraissent être la pâture naturelle, comme les herbes et les graines semblent être la nourriture préparée pour eux-mêmes. Aussi parmi les insectes y en a-t-il beaucoup qui ne vivent que d'autres insectes ; il y en a même quelques espèces qui, comme les araignées, dévorent indifféremment les autres espèces et la leur : tous servent de pâture aux oiseaux, et les oiseaux domestiques et sauvages nourrissent l'homme, ou deviennent la proie des animaux carnassiers.

Ainsi la mort violente est un usage presque aussi nécessaire que la loi de la mort naturelle ; ce sont deux moyens de destruction et de renouvellement, dont l'un sert à entretenir la jeunesse perpétuelle de la nature, et dont l'autre maintient l'ordre de ses productions, et peut seul limiter le nombre dans les espèces. Tous deux sont des effets dépendans des causes générales ; chaque individu qui naît tombe de lui-même au bout d'un temps ; ou, lorsqu'il est prématurément détruit par les autres, c'est qu'il était surabondant. Eh ! combien n'y en a-t-il pas de supprimés d'avance ! que de fleurs moissonnées au printemps ! que de races éteintes au moment de leur naissance ! que de germes anéantis avant leur développement ! L'homme et les animaux carnassiers ne vivent que d'individus tout formés, ou d'individus près de l'être ; la chair, les œufs, les graines, les germes de toute espèce font leur nourriture ordinaire ; cela seul peut borner l'exubérance de la nature. Que l'on considère un instant quelqu'une de ces espèces inférieures qui servent de pâture aux autres, celle des harengs, par exemple; ils viennent par milliers s'offrir à nos pêcheurs, et après avoir nourri tous les monstres des mers du nord, ils fournissent encore à la subsistance de tous les peuples de l'Europe pendant une partie de l'année. Quelle pullulation prodigieuse parmi ces animaux! et s'ils n'étaient en grande partie détruits par les autres, quels seraient les effets de cette immense multiplication! eux seuls couvriraient la surface entière de la mer; mais bientôt, se nuisant par le nombre, ils se corrompraient, ils se détruiraient eux-mêmes; faute de nourriture suffisante, leur fécondité diminuerait; la contagion et la disette feraient ce que fait la consommation; le nombre de ces animaux ne serait guère augmenté, et le nombre de ceux qui s'en nourrissent serait diminué. Et comme l'on peut dire la même chose de toutes les autres espèces, il est donc nécessaire que les unes vivent sur les autres; et dès lors la mort violente des animaux est un usage légitime, innocent, puisqu'il est fondé dans la nature, et qu'ils ne naissent qu'à cette condition.

EFFETS DE LA MULTIPLICATION
DES ANIMAUX NUISIBLES

Lorsqu'on réfléchit sur la fécondité sans bornes donnée à chaque espèce, sur le produit innombrable qui doit en résulter, sur la prompte et prodigieuse multiplication de certains animaux qui pullulent tout à coup, et viennent par milliers désoler les campagnes et ravager la nature, on est étonné qu'ils n'envahisssent pas la nature, on craint qu'ils ne l'oppriment par le nombre, et qu'après avoir dévoré sa substance, ils ne périssent eux-mêmes avec elle.

L'on voit en effet avec effroi arriver ces nuages épais, ces phalanges ailées d'insectes affamés qui semblent menacer le globe entier, et qui, se rabattant sur les plaines fécondes de l'Égypte, de la Pologne ou de l'Inde, détruisent en un instant les travaux, les espérances de tout un peuple, et n'épargnant ni les grains, ni les fruits, ni les herbes, ni les racines, ni les feuilles, dépouillent la terre de sa verdure, et changent en un désert aride les plus riches contrées. L'on voit descendre

2*

des montagnes du nord des rats en multitude innombrable, qui, comme un déluge, ou plutôt un débordement de substance vivante, viennent inonder les plaines, se répandent jusque dans les provinces du midi, et, après avoir détruit sur leur passage tout ce qui vit ou végète, finissent par infecter la terre et l'air de leurs cadavres. L'on voit dans les pays méridionaux sortir tout à coup du désert des myriades de fourmis, lesquelles, comme un torrent dont la source serait intarissable, arrivent en colonnes pressées, se succèdent, se renouvellent sans cesse, s'emparent de tous les lieux habités, en chassent les animaux et les hommes, et ne se retirent qu'après une dévastation générale; et dans les temps où l'homme, encore à demi sauvage, était comme les animaux sujet à toutes les lois, et même aux excès de la nature, n'a-t-on pas vu de ces débordemens de l'espèce humaine, des Normands, des Alains, des Huns, des Goths, des peuples, ou plutôt des peuplades d'animaux à face humaine, sans domicile et sans nom, sortir tout à coup de leurs antres, marcher par troupeaux effrénés, tout opprimer sans autre force que le nombre, ravager les cités, renverser les empires, et après avoir détruit les nations et dévasté la terre, finir par la repeupler d'hommes aussi nouveaux et plus barbares qu'eux!

Ces grands événemens, ces époques si marquées dans l'histoire du genre humain, ne sont cependant que de légères vicissitudes dans le cours ordinaire de la nature vivante: il est en général toujours constant, toujours le même; son mouvement, toujours réglé, roule sur deux pivots inébranlables, l'un la fécondité sans bornes donnée à toutes les espèces, l'autre les obstacles sans nombre qui réduisent le produit de cette fécondité à une mesure déterminée, et ne laissent en tout temps qu'à peu près la même quantité d'individus dans chaque espèce; et comme ces animaux en multitude innombrable, qui paraissent tout à coup, disparaissent de même, et que le fonds de ces espèces n'en est point augmenté, celui de l'espèce humaine demeure aussi toujours le même; les variations en sont seulement un peu plus lentes, parce que la vie des hommes étant plus longue que

celle de ces petits animaux , il est nécessaire
que les alternatives d'augmentation et de dimi-
nution se préparent de plus loin , et ne s'a-
chèvent qu'en plus de temps ; et ce temps
même n'est qu'un instant dans la durée , un
moment dans la suite des siècles , qui nous
frappe plus que les autres , parce qu'il a été
accompagné d'horreur et de destruction : car,
à prendre la terre entière et l'espèce humaine en général , la quantité des hommes
doit, comme celle des animaux , être en tout
temps à très-peu près la même , puisqu'elle
dépend de l'équilibre des causes physiques ,
équilibre auquel tout est parvenu depuis long-
temps , et que les efforts des hommes , non
plus que toutes les circonstances morales, ne
peuvent rompre , ces circonstances dépendant
elles-mêmes de ces causes physiques dont elles
ne sont que des effets particuliers. Quelque
soin que l'homme puisse prendre de son espèce , il ne la rendra jamais plus abondante
en un lieu , que pour la détruire ou la diminuer dans un autre. Lorsqu'une portion de
la terre est surchargée d'hommes , ils se dispersent , ils se répandent , ils se détruisent ,

et il s'établit en même temps des lois et des usages qui souvent ne préviennent que trop cet excès de multiplication. Dans les climats excessivement féconds, comme à la Chine, en Égypte, en Guinée, on relègue, on mutile, on vend, on noie les enfans; ici on les condamne à un célibat perpétuel. Ceux qui existent s'arrogent aisément des droits sur ceux qui n'existent pas; comme êtres nécessaires, ils anéantissent les êtres contingens; ils suppriment pour leur aisance, pour leur commodité, les générations futures. Il se fait sur les hommes, sans qu'on s'en aperçoive, ce qui se fait sur les animaux : on les soigne, on les multiplie, on les néglige, on les détruit, selon le besoin, les avantages, l'incommodité, les désagrémens qui en résultent; et comme tous ces effets moraux dépendent eux-mêmes des causes physiques, qui, depuis que la terre a pris sa consistance, sont dans un état fixe et dans un équilibre permanent, il paraît que pour l'homme, comme pour les animaux, le nombre d'individus dans l'espèce ne peut qu'être constant. Au reste, cet état fixe et ce nombre constant ne sont pas des quantités

absolues : toutes les causes physiques et morales, tous les effets qui en résultent, sont
compris et balancent entre certaines limites
plus ou moins étendues, mais jamais assez
grandes pour que l'équilibre se rompe. Comme
tout est en mouvement dans l'univers, et
que toutes les forces répandues dans la matière agissent les unes contre les autres et
se contre-balancent, tout se fait par des espèces d'oscillations dont les points milieux sont
ceux auxquels nous rapportons le cours ordinaire de la nature, et dont les points extrêmes en sont les périodes les plus éloignées. En
effet, tant dans les animaux que dans les végétaux, l'excès de la multiplication est ordinairement suivi de la stérilité ; l'abondance et
la disette se présentent tour à tour, et souvent se suivent de si près, que l'on pourrait
juger de la production d'une année par le
produit de celle qui la précède. Les pom-
miers, les pruniers, les chênes, les hêtres et
la plupart des autres arbres fruitiers et fores-
tiers ne portent abondamment que de deux
années l'une ; les chenilles, les hannetons, les
mulots, et plusieurs autres animaux, qui dans

de certaines années se multiplient à l'excès,
ne paraissent qu'en petit nombre l'année suivante. Que deviendraient en effet tous les
biens de la terre, que deviendraient les animaux utiles, et l'homme lui-même, si dans
ces années excessives chacun de ces insectes se
reproduisait pour l'année suivante par une
génération proportionnelle à leur nombre?
Mais non, les causes de destruction, d'anéan-
tissement et de stérilité suivent immédiatement celles de la trop grande multiplication; et indépendamment de la contagion,
suite nécessaire de trop grands amas de toute
matière vivante dans un même lieu, il y a
dans chaque espèce des causes particulières
de mort et de destruction, qui seules suffisent
pour compenser les excès des générations pré-
cédentes. *Buffon.*

AURORE.

Les rayons qui se plient pour s'approcher
de nous passent au-dessus de nos têtes avant
de nous atteindre; ils se réfléchissent sur les
particules grossières de l'air pour former d'a-
bord une faible lueur, incessamment aug-

mentée, qui annonce et devient bientôt le jour. Cette lueur est l'aurore. La lumière décomposée peint les nuages, et forme ces couleurs brillantes qui précèdent le lever du soleil : c'est dans ce phénomène coloré de la réfraction que les poëtes ont vu la déesse du matin ; elle ouvre les portes du jour avec ses doigts de rose, et la fille de l'air et du soleil a son trône dans l'atmosphère. Si cette atmosphère n'existait pas, si les rayons nous parvenaient en ligne droite, l'apparition et la disparition du soleil seraient instantanées ; le grand éclat du jour succéderait à la profonde nuit, et des ténèbres épaisses prendraient tout à coup la place du plus beau jour. La réfraction est donc utile à la terre, non-seulement parce qu'elle nous fait jouir quelques momens de plus de la présence du soleil, mais parce qu'en nous donnant les crépuscules, elle prolonge la durée de la lumière ; et la nature a établi des gradations pour préparer nos plaisirs, pour diminuer nos regrets. Nous voyons poindre le jour comme une faible espérance ; il s'échappe sans qu'on y songe, et la lumière se perd comme nos forces,

1. Épervier de Barbarie _ 2. Aigle _ 3. Baleine.

comme la santé, les plaisirs, la vie même,
sans que nous nous en apercevions. *Bailly.*

AUTOMNE.

> Bientôt les aquilons
Des dépouilles des bois vont joncher les vallons ;
De moment en moment la feuille sur la terre
En tombant interrompt le rêveur solitaire.
Mais ces ruines même ont pour moi des attraits.
Là, si mon cœur nourrit quelques profonds regrets ,
Si quelque souvenir vient rouvrir ma blessure ,
J'aime à mêler mon deuil au deuil de la nature.
De ces bois desséchés, de ces rameaux flétris ,
Seul, errant, je me plais à fouler les débris.
Ils sont passés les jours d'ivresse et de folie :
Viens, je me livre à toi, tendre mélancolie :
Viens, non le front chargé de nuages affreux
Dont marche enveloppé le chagrin ténébreux ,
Mais l'œil demi-voilé, mais telle qu'en automne
A travers des vapeurs un jour plus doux rayonne ;
Viens, le regard pensif, le front calme, et les yeux
Tout prêts à s'humecter de pleurs délicieux.

Delille.

BALEINE (Pêche de la).

L'ancre mord les glaçons, vieux enfans de l'hiver.
Les monstres bondissans sur cette affeuse mer,
L'ours, monarque affamé de ses sombres rivages,

Et le phoque timide , et les morses sauvages ,
Et l'horrible baleine à qui , le fer en main ,
Le Batave a du pôle enseigné le chemin ,
Et qu'il poursuit encor sous sa glace éternelle ;
Voilà les ennemis que son courage appelle.
Leur sanglante dépouille excite ses transports.
A peine de l'Islande a-t-il quitté les ports ,
Sur les flots apaisés s'il voit l'eau jaillissante
Que lance dans les airs d'une baleine puissante
Le colosse animé que cherche sa fureur,
A l'instant tout est prêt. Sans trouble , sans terreur,
Sur un esquif léger le nautonier s'élance ;
Le bras levé , l'œil fixe , il approche en silence ,
Mesure son effort , suit le monstre flottant ,
Et d'un fer imprévu le frappe en l'évitant.

Soudain le mer bouillonne en sa masse ébranlée ;
Un sang épais se mêle à la vague troublée ;
D'un long mugissement l'abîme retentit :
Dans des gouffres sans fond le monstre s'engloutit ;
Mais sa fuite est cruelle, et sa fureur est vaine.
Un fil , au sein des flots poursuivant la baleine ,
Au Batave attentif rend tous ses mouvemens :
Par l'excès de sa force elle aigrit ses tourmens :
Rien ne peut les calmer. Le fer infatigable ,
Image du remords qui poursuit le coupable ,
La perce, la déchire , et, trompant son effort ,
Enfonce dans ses flancs la douleur et la mort.
Lasse enfin de lutter sous l'Océan qui gronde ,

De ses antres glacés sur l'écume de l'onde
Elle remonte encore, et vient chercher le jour.
    Le fil qui se replie annonce son retour;
Aussitôt, dirigé par ce guide fidèle,
L'intrépide pêcheur arrête sa nacelle,
Au lieu même où le monstre, épuisé, haletant,
Lève sa tête énorme et respire un instant.
Il paraît : mille coups irritent sa vengeance :
Terrible, il se ranime, et de sa queue immense
Bat l'onde qui bouillonne et bondit dans les airs.
Sa rage, en soulevant le vaste sein des mers,
Exhale en tourbillons le souffle qui lui reste.
Malheur au nautonier, dans ce moment funeste,
Si l'aviron léger n'emportait ses canots
Loin de l'orage affreux qui tourmente les flots!
Tout s'éloigne, tout fuit; la baleine expirante
Plonge, revient, surnage; et sa masse effrayante,
Qui semble encor braver les ondes et les vents,
D'un sang déjà glacé rougit les flots mouvans :
Auprès de ses vaisseaux le Batave l'entraîne.

Esménard.

BLAIREAU.

Le blaireau est un animal paresseux, défiant, solitaire, qui se retire dans les lieux les
plus écartés, dans les bois les plus sombres, et
s'y creuse une demeure souterraine; il semble
fuir la société, même la lumière, et passe les

3.

trois quarts de sa vie dans ce séjour ténébreux, dont il ne sort que pour chercher sa subsistance. Comme il a le corps allongé, les jambes courtes, les ongles, surtout ceux des pieds de devant très-longs et très-fermes, il a plus de facilité qu'un autre pour ouvrir la terre, y fouiller, y pénétrer, et jeter derrière lui les déblais de son excavation qu'il rend tortueuse, oblique, et qu'il pousse quelquefois fort loin. Le renard, qui n'a pas la même facilité pour creuser la terre, profite de ses travaux : ne pouvant le contraindre par la force, il l'oblige par adresse à quitter son domicile, en l'inquiétant, en faisant sentinelle à l'entrée, en l'infectant même de ses ordures; ensuite, il s'en empare, l'élargit, l'approprie, et en fait son terrier. Le blaireau, forcé à changer de manoir, ne change pas de pays; il ne va qu'à quelque distance travailler sur nouveaux frais à se pratiquer un autre gîte, dont il ne sort que la nuit, dont il ne s'écarte guère, et où il revient dès qu'il sent quelque danger. Il n'a que ce moyen de se mettre en sûreté, car il ne peut échapper par la fuite; il a les jambes trop courtes pour pouvoir bien courir. Les chiens l'atteignent promptement, lorsqu'ils le surprennent à quelque distance de son trou : cependant il est rare qu'ils l'arrêtent tout-à-fait et qu'ils en viennent à bout, à moins qu'on ne les aide. Le blaireau a le poil très-épais, les jambes, la mâchoire et les dents très-fortes, aussi-bien que les ongles ; il se sert de toute sa force, de toute sa résistance, et de toutes ses armes en se couchant sur le dos, et il fait aux chiens de profondes blessures. Il a d'ailleurs la vie très-dure ; il combat long-temps, se défend courageusement, et jusqu'à la dernière extrémité. *Buffon.*

BOEUF.

Le bœuf, le mouton, et les autres animaux qui paissent l'herbe, non-seulement sont les meilleurs, les plus utiles, les plus précieux pour l'homme, puisqu'ils le nourrissent, mais sont encore ceux qui consomment et dépensent le moins ; le bœuf surtout est à cet égard l'animal par excellence ; car il rend à la terre tout autant qu'il en tire, et même il améliore le fonds sur lequel il vit ; il engraisse son pâturage, au lieu que le cheval et la plupart des autres animaux amaigrissent en peu d'années les meilleures prairies.

Mais ce ne sont pas là les seuls avantages que le bétail procure à l'homme ; sans le bœuf les pauvres et les riches auraient beaucoup de peine à vivre, la terre demeurerait inculte, les champs, et même les jardins seraient secs et stériles ; c'est sur lui que roulent tous les travaux de la campagne ; il est le domestique le plus utile de la ferme, le soutien du ménage champêtre, il fait toute la force de l'agriculture ; autrefois il faisait toute la richesse des hommes, et aujourd'hui il est encore la base de l'opulence des États, qui ne peuvent se soutenir et fleurir que par la culture des terres et par l'abondance du bétail, puisque ce sont les seuls biens réels : tous les autres, et même l'or et l'argent n'étant que des biens arbitraires, des représentations, des monnaies de crédit, qui n'ont de valeur qu'autant que le produit de la terre leur en donne.

Le bœuf ne convient pas autant que le cheval, l'âne, le chameau, etc., pour porter des fardeaux : la forme de son dos et de ses reins le démontre; mais la grosseur de son cou et la largeur de ses épaules indiquent assez qu'il est propre à tirer et à porter le joug : c'est aussi de cette manière qu'il tire le plus avantageusement; et il est singulier que cet usage ne soit pas général, et que dans des provinces entières on l'oblige à tirer par les cornes; la seule raison qu'on ait pu m'en donner, c'est que, quand il est attelé par les cornes, on le conduit plus aisément : il a la tête très-forte, et il ne laisse pas de tirer assez bien de cette façon, mais avec beaucoup moins d'avantage que quand il tire par les épaules; il semble avoir été fait exprès pour la charrue; la masse de son corps, la lenteur de ses mouvemens, le peu de hauteur de ses jambes, tout, jusqu'à sa tranquillité et sa patience dans le travail, semble concourir à le rendre propre à la culture des champs, et plus capable qu'aucun autre de vaincre la résistance constante et toujours nouvelle que la terre oppose à ses efforts : le cheval, quoique peut-être aussi fort que le bœuf, est moins propre à cet ouvrage : il est trop élevé sur ses jambes, ses mouvemens sont trop grands, trop brusques, et

d'ailleurs il s'impatiente et se rebute trop aisément ; on lui ôte même toute la légèreté,
toute la souplesse de ses mouvemens, toute
la grâce de son attitude et de sa démarche,
lorsqu'on le réduit à ce travail pesant, pour
lequel il faut plus de constance que d'ardeur,
plus de masse que de vitesse, et plus de poids
que de ressort.　　　　　　　　　*Buffon.*

BREBIS.

Sɪ l'on fait attention à la faiblesse et à la
stupidité de la brebis ; si l'on considère en
même temps que cet animal sans défense ne
peut même trouver son salut dans la fuite ;
qu'il a pour ennemis tous les animaux carnassiers , qui semblent le chercher de préférence
et le dévorer par goût ; que d'ailleurs cette
espèce produit peu , que chaque individu ne
vit que peu de temps , etc. , on serait tenté
d'imaginer que dès le commencement la brebis
a été confiée à la garde de l'homme , qu'elle
a eu besoin de sa protection pour subsister ,
et de ses soins pour se multiplier , puisqu'en
effet on ne trouve point de brebis sauvages
dans les déserts ; que , dans tous les lieux où

1. Brebis d'Afrique. — 2. Mouton à plusieurs cornes. — 3. Renard de l'Inde.

l'homme ne commande pas , le lion , le tigre , le loup règnent par la force et par la cruauté ; que ces animaux de sang et de carnage vivent plus long-temps , et multiplient tous beaucoup plus que la brebis ; et qu'enfin , si l'on abandonnait encore aujourd'hui dans nos campagnes les troupeaux nombreux de cette espèce que nous avons tant multipliée , ils seraient bientôt détruits sous nos yeux , et l'espèce entière anéantie par le nombre et la voracité des espèces ennemies.

Il paraît donc que ce n'est que par notre secours et par nos soins que cette espèce a duré , dure , et pourra durer encore : il paraît qu'elle ne subsisterait pas par elle-même. La brebis est absolument sans ressources et sans défense ; le bélier n'a que de faibles armes ; son courage n'est qu'une pétulance inutile pour lui-même , incommode pour les autres : les moutons sont encore plus timides que les brebis ; c'est par crainte qu'ils se rassemblent si souvent en troupeau , le moindre bruit extraordinaire suffit pour qu'ils se précipitent et se serrent les uns contre les autres , et cette crainte est accompagnée de la plus grande stupidité, car ils ne savent pas fuir le danger ; ils semblent même ne pas sentir l'incommodité de leur situation ; ils restent où ils se trouvent, à la pluie, à la neige ; ils y demeurent opiniâtrement ; et, pour les obliger à changer de lieu et à prendre une route, il leur faut un chef, qu'on instruit à marcher le premier, et dont ils suivent tous les mouvemens pas à pas : ce chef demeurerait lui-même avec le reste du troupeau, sans mouvement, dans la même place, s'il n'était chassé par le berger ou excité par le chien commis à leur garde, lequel sait en effet veiller à leur sûreté, les défendre, les diriger, les séparer, les rassembler, et leur communiquer les mouvemens qui leur manquent.

Ce sont donc, de tous les animaux quadrupèdes, les plus stupides ; ce sont ceux qui ont le moins de ressource et d'instinct : les chèvres, qui leur ressemblent à tant d'autres égards, ont beaucoup plus de sentiment : elles savent se conduire, elles évitent les dangers, elles se familiarisent aisément avec les nouveaux objets, au lieu que la brebis ne sait ni fuir, ni s'approcher ; quelque besoin qu'elle ait de secours, elle ne vient point à l'homme aussi volontiers que la chèvre ; et, ce qui dans les animaux paraît être le dernier degré de la timidité ou de l'insensibilité, elle se laisse enlever son agneau sans le défendre, sans s'irriter, sans résister, et sans marquer sa douleur par un cri différent du bêlement ordinaire.

Mais cet animal si chétif en lui-même, si dépourvu de sentiment, si dénué de qualités intérieures, est pour l'homme l'animal le plus précieux, celui dont l'utilité est la plus immédiate et la plus étendue ; seul il peut suffire aux besoins de première nécessité ; il fournit tout à la fois de quoi se nourrir et se vêtir, sans compter les avantages particuliers que l'on sait tirer du suif, du lait, de la peau, et même des boyaux, des os et du fumier de cet animal, auquel il semble que la nature n'ait, pour ainsi dire, rien accordé en propre, rien donné que pour le rendre à l'homme...... Le jeune agneau cherche lui-même dans un nombreux troupeau, trouve et saisit la mamelle de sa mère sans jamais se méprendre. L'on dit aussi que les moutons sont sensibles aux douceurs du chant, qu'ils paissent avec plus d'assiduité, qu'ils se portent mieux, qu'ils engraissent, au son du chalumeau, que la musique a pour eux des attraits ; mais l'on dit encore plus souvent, et avec plus de fondement, qu'elle sert au moins à charmer l'ennui du berger, et que c'est à ce genre de vie oisive et solitaire que l'on doit rapporter l'origine de cet art.   *Buffon.*

BUFFLE.

LE buffle est d'un naturel plus dur et moins traitable que le bœuf; il obéit plus difficilement, il est plus violent, il a des fantaisies plus brusques et plus fréquentes ; toutes ses habitudes sont grossières et brutes : il est, après le cochon, le plus sale des animaux domestiques, par la difficulté qu'il met à se laisser nettoyer et panser ; sa figure est grosse et repoussante, son regard stupidement farouche; il avance ignoblement son cou, et porte mal sa tête, presque toujours penchée vers la terre ; sa voix est un mugissement épouvantable, d'un ton beaucoup plus fort et plus grave que celui du taureau ; il a les membres maigres

Penguin _ 2. Taureau sauvage _ 3. Sanglier.

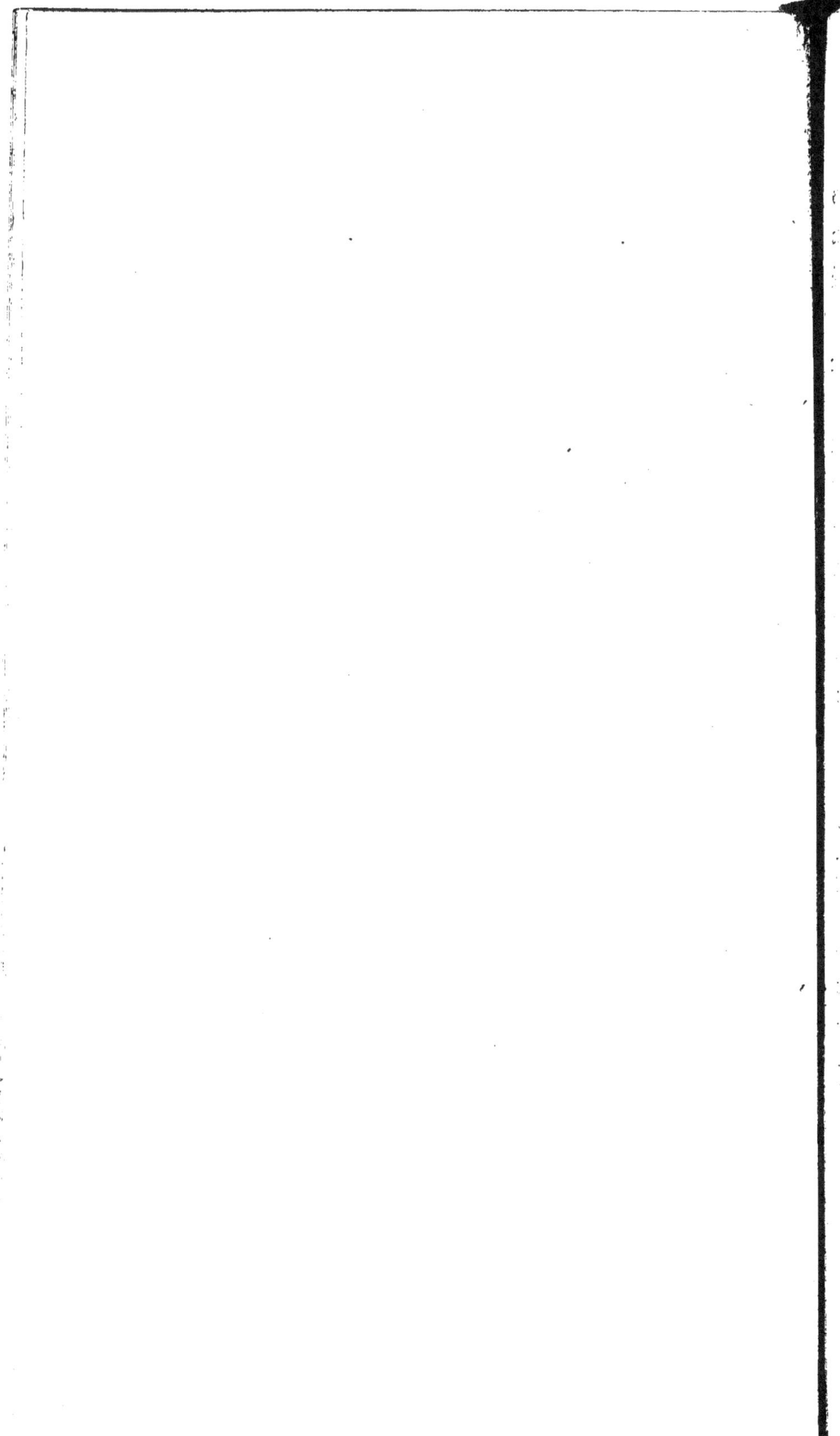

et la queue nue , la mine obscure , la physionomie noire comme le poil et la peau ; il diffère principalement du bœuf à l'extérieur par
cette couleur de la peau , qu'on aperçoit aisément sous le poil , qui n'est que peu fourni ;
il a le corps plus gros et plus court que le
bœuf , les jambes plus hautes , la tête pro-
portionnellement beaucoup plus petite , les
cornes moins rondes, et en partie comprimées ,
un toupet de poil crépu sur le front ; il a
aussi la peau plus épaisse et plus dure que le
bœuf; sa chair , noire et dure , est non-seulement désagréable au goût , mais répugnante
à l'odorat ; le lait de la femelle buffle n'est pas
si bon que celui de la vache ; elle en fournit
cependant en plus grande quantité. Dans les
pays chauds , presque tous les fromages sont
faits du lait de buffle ; la chair des jeunes
buffles , encore nourris de lait , n'en est pas
meilleure ; le cuir seul vaut mieux que tout le
reste de la bête , dont il n'y a que la langue
qui soit bonne à manger ; ce cuir est solide ,
assez léger , et presque impénétrable. Comme
ces animaux sont en général plus grands et
plus forts que les bœufs, on s'en sert utile-

ment au labourage ; on leur fait traîner , et non pas porter les fardeaux ; on les dirige et on les contient au moyen d'un anneau qu'on leur passe dans le nez ; deux buffles attelés , ou plutôt enchaînés à un chariot , tirent autant que quatre forts chevaux : comme leur cou et leur tête se portent naturellement en bas , ils emploient en tirant tout le poids de leur corps , et cette masse surpasse de beaucoup celle d'un cheval ou d'un bœuf de labour.

Buffon.

CAFÉ.

Le café vous présente une heureuse liqueur
Qui d'un vin trop fumeux chassera la vapeur ;
Vous obtiendrez par elle, en désertant la table,
Un esprit plus ouvert, un sang-froid plus aimable ;
Bientôt, mieux disposé par ses puissans effets,
Vous pourrez vous asseoir à de nouveaux banquets.
Elle est du Dieu des vers honorée et chérie :
On dit que du poëte elle sert le génie ;
Que plus d'un froid rimeur, quelquefois réchauffé,
A dû de meilleurs vers au parfum du café :
Il peut du philosophe égayer les systèmes,
Rendre aimables, badins, les géomètres mêmes ;
Par lui l'homme d'état, dispos après dîner,
Forme l'heureux projet de nous mieux gouverner.
Il déride le front de ce savant austère,

Amoureux de la langue et du pays d'Homère,
Qui, fondant sur le grec sa gloire et ses succès,
Se dédommage ainsi d'être un sot en français.
Il peut, de l'astronome éclaircissant la vue,
L'aider à retrouver son étoile perdue.
Au nouvelliste enfin il révèle parfois
Les intrigues des cours et les secrets des rois,
L'aide à rêver la paix, l'armistice, la guerre;
Et lui fait, pour six sous, bouleverser la terre.

Berchoux.

MÊME SUJET.

Il est une liqueur, au poëte plus chère,
Qui manquait à Virgile, et qu'adorait Voltaire:
C'est toi, divin café, dont l'aimable liqueur,
Sans altérer la tête, épanouit le cœur.
Aussi, quand mon palais est émoussé par l'âge,
Avec plaisir encor je goûte ton breuvage.
Que j'aime à préparer ton nectar précieux!
Nul n'usurpe chez moi ce soin délicieux.
Sur le réchaud brûlant moi seul tournant ta graine,
A l'or de ta couleur fais succéder l'ébène;
Moi seul contre la noix, qu'arment ses dents de fer,
Je fais, en le broyant, crier ton fruit amer;
Charmé de ton parfum, c'est moi seul qui dans l'onde
Infuse à mon foyer ta poussière féconde;
Qui tour à tour calmant, excitant tes bouillons,
Suis d'un œil attentif tes légers tourbillons.
Enfin de ta liqueur lentement reposée,

Dans le vase fumant la lie est déposée;
Ma coupe, ton nectar, le miel américain,
Que du suc des roseaux exprima l'Africain,
Tout est prêt : du Japon l'émail reçoit tes ondes,
Et seul tu réunis les tributs de deux mondes.
Viens donc, divin nectar, viens donc, inspire-moi :
Je ne veux qu'un désert, mon Antigone, et toi.
A peine j'ai senti ta vapeur odorante,
Soudain de ton climat la chaleur pénétrante
Réveille tous mes sens; sans trouble, sans chaos,
Mes pensers plus nombreux accourent à grands flots.
Mon idée était triste, aride, dépouillée;
Elle rit, elle sort richement habillée,
Et je crois, du génie éprouvant le réveil,
Boire dans chaque goutte un rayon de soleil.

Delille.

CASTOR.

AUTANT l'homme s'est élevé au-dessus de l'état de nature, autant les animaux se sont abaissés au-dessous : soumis et réduits en servitude, ou traités comme rebelles et dispersés par la force, leurs sociétés se sont évanouies, leur industrie est devenue stérile, leurs faibles arts ont disparu, chaque espèce a perdu ses qualités générales, et tous n'ont conservé que leurs propriétés individuelles, perfectionnées dans les uns par l'exemple, l'imitation, l'éducation, et dans les autres par la crainte et par la nécessité où ils sont de veiller continuellement à leur sûreté. Quelles vues, quels desseins, quels projets peuvent avoir des esclaves sans âme, ou des relégués sans puissance? ramper ou fuir, et toujours exister d'une manière solitaire, ne rien édifier, ne rien produire, ne rien transmettre, et toujours languir dans la calamité, déchoir, se perpétuer sans se multiplier, perdre en un mot par la durée autant et plus qu'ils n'avaient acquis par le temps.

Aussi ne reste-t-il quelques vestiges de leur merveilleuse industrie que dans ces contrés éloignées et désertes, ignorées de l'homme pendant une longue suite de siècles, où chaque espèce pouvait manifester en liberté ses talens naturels, et les perfectionner dans le repos en se réunissant en société durable. Les castors sont peut-être le seul exemple qui subsiste comme un ancien monument de cette espèce d'intelligence des brutes, qui, quoique infiniment inférieure par son principe à celle de l'homme, suppose cependant des projets

3*

communs et des vues relatives; projets qui, ayant pour base la société, et pour objet une digue à construire, une bourgade à élever, une espèce de république à fonder, supposent aussi une manière quelconque de s'entendre et d'agir de concert.

Les castors, dira-t-on, sont parmi les quadrupèdes ce que les abeilles sont parmi les insectes. Quelle différence! Il y a dans la nature, telle qu'elle nous est parvenue, trois espèces de sociétés qu'on doit considérer avant de les comparer: la société libre de l'homme, de laquelle, après Dieu, il tient toute sa puissance; la société gênée des animaux, toujours fugitive devant celle de l'homme; et enfin la société forcée de quelques petites bêtes, qui, naissant toutes en même temps dans le même lieu, sont contraintes d'y demeurer ensemble. Un individu, pris solitairement, et au sortir des mains de la nature, n'est qu'un être stérile, dont l'industrie se borne au simple usage des sens; l'homme lui-même, dans l'état de pure nature, dénué de lumières et de tous les secours de la société, ne produit rien, n'édifie rien. Toute société, au contraire, devient nécessairement féconde, quelque fortuite, quelque aveugle qu'elle puisse être, pourvu qu'elle soit composée d'êtres de même nature : par la seule nécessité de se chercher ou de s'éviter, il s'y formera des mouvemens communs, dont le résultat sera souvent un ouvrage qui aura l'air d'avoir été conçu, conduit, et exécuté avec intelligence. Ainsi l'ouvrage des abeilles, qui, dans un lieu donné, tel qu'une ruche ou le creux d'un vieux arbre, bâtissent chacune leur cellule; l'ouvrage des mouches de Caïenne, qui non-seulement font aussi leurs cellules, mais construisent même la ruche qui les doit contenir, sont des travaux purement mécaniques qui ne supposent aucune intelligence, aucun projet concerté, aucune vue générale; des travaux qui, n'étant que le produit d'une nécessité physique, un résultat de mouvemens communs, s'exercent toujours de la même façon, dans tous les temps et dans tous les lieux, par une multitude qui ne s'est point assemblée par choix, mais qui se trouve réunie par force de nature. Ce n'est donc pas la société, c'est le nombre seul qui opère ici;

c'est une puissance aveugle qu'on ne peut comparer à la lumière qui dirige toute société : je ne parle point de cette lumière pure, de ce rayon divin qui n'a été départi qu'à l'homme seul ; les castors en sont assurément privés comme tous les autres animaux : mais leur société n'étant point une réunion forcée, se faisant au contraire par une espèce de choix, et supposant au moins un concours général et des vues communes dans ceux qui la composent, suppose au moins aussi une lueur d'intelligence qui, quoique très-différente de celle de l'homme par le principe, produit cependant des effets assez semblables pour qu'on puisse les comparer, non pas dans la société plénière et puissante, telle qu'elle existe parmi les peuples anciennement policés, mais dans la société naissante chez des hommes sauvages, laquelle seule peut, avec équité, être comparée à celle des animaux.

Voyons donc le produit de l'une et l'autre de ces sociétés ; voyons jusqu'où s'étend l'art du castor, et où se borne celui du sauvage. Rompre une branche pour s'en faire un bâton, se bâtir une hutte, la couvrir de feuillage

pour se mettre à l'abri, amasser de la mousse
ou du foin pour se faire un lit, sont des actes
communs à l'animal et au sauvage; les ours
font des huttes, les singes ont des bâtons.
plusieurs autres animaux se pratiquent un
domicile propre, commode, impénétrable à
l'eau. Frotter une pierre pour la rendre tranchante, et s'en faire une hache, s'en servir
pour couper, pour écorcer du bois, pour
aiguiser des flèches, pour creuser un vase ;
écorcher un animal pour se revêtir de sa
peau, en prendre les nerfs pour en faire une
corde d'arc, attacher ces mêmes nerfs à une
épine dure, et se servir de tous deux comme
de fil et d'aiguille, sont des actes purement
individuels que l'homme en solitude peut tous
exécuter sans être aidé des autres. des actes
qui dépendent de sa seule conformation, puisqu'ils ne supposent que l'usage de la main :
mais couper et transporter un gros arbre.
élever un carbet, construire une pirogue.
sont au contraire des opérations qui supposent nécessairement un travail commun et
des vues concertées. Ces ouvrages sont aussi
les seuls résultats de la société naissante chez

des nations sauvages, comme les ouvrages des castors sont les fruits de la société perfectionnée parmi ces animaux : car il faut observer qu'ils ne songent point à bâtir, à moins qu'ils n'habitent un pays libre, et qu'ils n'y soient parfaitement tranquilles. Il y a des castors en Languedoc, dans les îles du Rhône ; il y en a en plus grand nombre dans les provinces du nord de l'Europe ; mais comme toutes ces contrées sont habitées, ou du moins fort fréquentées par les hommes, les castors y sont, comme tous les autres animaux, dispersés, solitaires, fugitifs, ou cachés dans un terrier : on ne les a jamais vus se réunir, se rassembler, ni rien entreprendre, ni rien construire ; au lieu que dans ces terres désertes, où l'homme en société n'a pénétré que bien tard, et où l'on ne voyait auparavant que quelques vestiges de l'homme sauvage, on a partout trouvé les castors réunis, formant des sociétés, et l'on n'a pu s'empêcher d'admirer leurs ouvrages.

Le castor captif est un animal assez doux, assez tranquille, assez familier, un peu triste, même un peu plaintif, sans passions violentes,

sans appétits véhémens, ne se donnant que
peu de mouvement, ne faisant d'effort pour
quoi que ce soit, cependant occupé sérieuse-
ment du désir de sa liberté, rongeant de temps
en temps les portes de sa prison, mais sans
fureur, sans précipitation, et dans la seule
vue d'y faire une ouverture pour en sortir;
au reste, assez indifférent, ne s'attachant pas
volontiers, ne cherchant point à nuire, et
assez peu à plaire. Il paraît inférieur au chien
par les qualités relatives qui pourraient l'approcher de l'homme; il ne semble fait ni pour
servir, ni pour commander, ni même pour
commercer avec une autre espèce que la
sienne; son sens, renfermé dans lui-même,
ne se manifeste en entier qu'avec ses semblables; seul, il a peu d'industrie personnelle,
encore moins de ruses, pas même assez de défiance pour éviter des piéges grossiers : loin
d'attaquer les autres animaux, il ne sait pas
même se bien défendre; il préfère la fuite au
combat, quoiqu'il morde cruellement et avec
acharnement lorsqu'il se trouve saisi par la
main du chasseur. Si l'on considère donc cet
animal dans l'état de nature, ou plutôt dans

son état de solitude et de dispersion, il ne paraîtra pas, pour les qualités intérieures, au-dessus des autres animaux; il n'a pas plus d'esprit que le chien, de sens que l'éléphant, de finesse que le renard, etc.; il est plutôt remarquable par des singularités de confor-mation extérieure que par la supériorité ap-parente de ses qualités intérieures. *Buffon.*

MÊME SUJET.

Dans ses hardis travaux le peuple des castors
Étale de l'instinct les plus riches trésors.
L'éléphant dans les bois, et le castor dans l'onde,
Sont tous deux à jamais l'étonnement du monde.
S'il n'a point cette trompe, organe merveilleux,
Dont ce noble animal a droit d'être orgueilleux,
Quatre dents ou plutôt quatre terribles scies,
Qu'en un tranchant acier la nature a durcies,
Et sa queue aplatie, et ses agiles doigts,
Voilà de ses travaux les instrumens adroits.
D'autres les ont vantés, d'autres ont su décrire
Tous ces grands monumens de leur petit empire;
Ces arbres renversés, façonnés avec art,
De leur digue à la vague opposant le rempart;
Des écluses, des ponts l'habile architecture;
Des voûtes, des cloisons la solide jointure;
Ces soins prévoyans, cet art si merveilleux

1. Start rouge d'Amérique (le)

2. Rhinocéros — 3. Daim.

Accommodés au temps, appropriés aux lieux,
Cette Hollande, enfin, et cette humble Venise,
Sur ses longs pilotis solidement assise :
L'étranger, retrouvant l'homme dans le castor,
Le voit, s'étonne, rêve et le regarde encor.

Delille.

CERF.

Voici un de ces animaux innocens, doux et tranquilles, qui ne semblent être faits que pour embellir, animer la solitude des forêts, et occuper loin de nous les retraites paisibles de ces jardins de la nature ; sa forme élégante et légère, sa taille aussi svelte que bien prise, ses membres flexibles et nerveux, sa tête, parée plutôt qu'armée d'un bois vivant et qui, comme la cime des arbres, tous les ans se renouvelle, sa grandeur, sa légèreté, sa force, le distinguent assez des autres habitans des bois ; et comme il est le plus noble d'entre eux, il ne sert aussi qu'aux plaisirs des plus nobles des hommes. Il a dans tous les temps occupé le loisir des héros : l'exercice de la chasse doit succéder aux travaux de la guerre ; il doit même les précéder : savoir manier les chevaux et les armes, sont des ta-

lens communs au chasseur, au guerrier :
l'habitude au mouvement, à la fatigue, l'a-
dresse, la légèreté du corps, si nécessaires
pour soutenir, et même pour seconder le courage, se prennent à la chasse, et se portent à
la guerre ; c'est l'école agréable d'un art nécessaire ; c'est encore le seul amusement qui
fasse diversion entière aux affaires, le seul
délassement sans mollesse, le seul qui donne
un plaisir vif sans langueur, sans mélange et
sans satiété.

Que peuvent faire de mieux les hommes
qui, par état, sont sans cesse fatigués de la
présence des autres hommes ? Toujours envi-
ronnés, obsédés, et gênés pour ainsi dire par
le nombre, toujours en butte à leurs deman-
des, à leur empressement, forcés de s'occuper de soins étrangers et d'affaires, agités par
de grands intérêts, et d'autant plus contraints,
qu'ils sont plus élevés, les grands ne senti-
raient que le poids de la grandeur, et n'exis-
teraient que pour les autres, s'ils ne se dé-
robaient par instans à la foule même des flatteurs. Pour jouir de soi-même, pour rappeler dans l'âme les affections personnelles, les

désirs secrets , ces sentimens intimes mille fois plus précieux que les idées de la grandeur, ils ont besoin de solitude ; et quelle solitude plus variée, plus animée que celle de la chasse ! quel exercice plus sain pour le corps ! quel repos plus agréable pour l'esprit !

Il serait aussi pénible de toujours représenter que de toujours méditer. L'homme n'est pas fait par la nature pour la contemplation des choses abstraites ; et de même que s'occuper sans relâche d'études difficiles , d'affaires épineuses , mener une vie sédentaire , et faire de son cabinet le centre de son existence , est un état peu naturel ; il semble que celui d'une vie tumultueuse , agitée , entraînée pour ainsi dire par le mouvement des autres hommes , et où l'on est obligé de s'observer , de se contraindre , et de représenter continuellement à leurs yeux , est une situation encore plus forcée. Quelque idée que nous voulions avoir de nous-mêmes , il est aisé de sentir que représenter n'est pas être, et aussi que nous sommes moins faits pour penser que pour agir, pour raisonner que pour jouir : nos vrais plaisirs consistent dans le libre usage de nous-

4.

mêmes ; nos vrais biens sont ceux de la nature ; c'est le ciel, c'est la terre, ce sont ces campagnes, ces plaines, ces forêts dont elle nous offre la jouissance utile, inépuisable. Aussi le goût de la chasse, de la pêche, des jardins, de l'agriculture, est un goût naturel à tous les hommes ; et dans les sociétés plus simples que la nôtre, il n'y a guère que deux ordres, tous deux relatifs à ce genre de vie : les nobles, dont le métier est la chasse et les armes ; et les hommes en sous-ordre, qui ne sont occcupés qu'à la culture de la terre.

Buffon.

CHASSE DU CERF.

Du cor bruyant j'entends déjà les sons,
L'ardent coursier déjà sent tressaillir ses veines,
Bat du pied, mord le frein, sollicite les rênes.
A ces apprêts de guerre, au bruit des combattans,
Le cerf frémit, s'étonne et balance long-temps.
Doit-il loin des chasseurs prendre son vol rapide ?
Doit-il leur opposer son audace intrépide ?
De son front menaçant, ou de ses pieds légers,
A qui se fiera-t-il dans ces pressans dangers ?
Il hésite long-temps : la peur enfin l'emporte ;
Il part, il court, il vole, un moment le transporte
Bien loin de la forêt, et des chiens, et du cor.

Le coursier libre enfin s'élance et prend l'essor ;
Sur lui l'ardent chasseur part comme la tempête,
Se penche sur ses crins, se suspend sur sa tête ;
Il perce les taillis, il rase les sillons,
Et la terre sous lui roule en noirs tourbillons.

Cependant le cerf vole, et les chiens sur sa voie
Suivent ses corps légers que le vent leur envoie ;
Partout où sont ses pas sur le sable imprimés,
Ils attachent sur eux leurs naseaux enflammés ;
Alors le cerf tremblant, de son pied qui les guide
Maudit l'odeur traîtresse et l'empreinte perfide.
Poursuivi, fugitif, entouré d'ennemis,
Enfin dans son malheur il songe à ses amis.
Jadis de la forêt dominateur superbe,
S'il rencontre des cerfs errans en paix sur l'herbe,
Il vient au milieu d'eux, humiliant son front,
Leur confier sa vie et cacher son affront.

Mais, hélas! chacun fuit sa présence importune,
Et la contagion de sa triste fortune :
Tel un flatteur délaisse un prince infortuné.
Banni par eux, il fuit, il erre abandonné ;
Il revoit ces grands bois si chers à sa mémoire,
Où cent fois il goûta les plaisirs et la gloire,
Quand les bois, les rochers, les antres d'alentour
Répondaient à ses cris et de guerre et d'amour,
Et qu'en sultan superbe à ses jeunes maîtresses
Sa noble volupté partageait ses caresses.
Honneur, empire, amour, tout est perdu pour lui.

C'est en vain qu'à ses maux prêtant un noble appui,
D'un cerf tout jeune encor la confiante audace
Succède à ses dangers, et s'élance à sa place.

Par les chiens vétérans le piège est éventé.
Du son lointain des cors bientôt épouvanté,
Il part, rase la terre, ou, vielli dans la feinte,
De ses pas, en sautant, il interrompt l'empreinte ;
Ou, tremblant et tapi loin des chemins frayés,
Veille et promène au loin ses regards effrayés,
S'éloigne, redescend, croise et confond sa route.
Quelquefois il s'arrête, il regarde, il écoute ;
Et des chiens, des chasseurs, de l'écho des forêts
Déjà l'affreux concert le frappe de plus près.
Il part encor, s'épuise encore en ruses vaines.
Mais déjà la terreur court dans toutes ses veines ;
Chaque bruit est pour lui l'annonce de son sort,
Chaque arbre un ennemi, chaque ennemi la mort.
Alors, las de traîner sa course vagabonde,
De la terre infidèle il s'élance dans l'onde ,
Et change d'élément sans changer de destin.

Avide, et réclamant son barbare festin,
Bientôt vole après lui, de sueur dégouttante,
Brûlante de fureur et de soif haletante ,
La meute aux cris aigus , aux yeux étincelans.
L'onde à peine suffit à leurs gosiers brûlans ;
Mais à leur fier instinct d'autres besoins commandent.
C'est de sang qu'ils ont soif , c'est du sang qu'ils demand[

Alors désespéré , sans amis, sans secours ,

A la fureur enfin sa faiblesse a recours.
Hélas! pourquoi faut-il qu'en ruses impuissantes
La frayeur ait usé ses forces languissantes?
Et que n'a-t-il plutôt, écoutant sa valeur,
Par un noble combat illustré son malheur?
Mais enfin, las de perdre une inutile adresse,
Terrible, il se ranime, il s'élance, il se dresse,
Soutient seul mille assauts ; son généreux courroux
Réserve aux plus vaillans les plus terribles coups.
Sur lui seul à la fois tous ses ennemis fondent :
Leurs morsures, leurs cris, leur rage se confondent
Il lutte, il frappe encore : efforts infructueux!
Hélas! que lui servit son port majestueux,
Et sa taille élégante, et ses rameaux superbes,
Et ses pieds qui volaient sur la pointe des herbes?
Il chancelle, il succombe, et deux ruisseaux de pleurs
De ses assassins même attendrissent les cœurs.

Delille.

MÊME SUJET.

Entendez-vous quel bruit retentit dans les airs,
Et d'échos en échos roule dans ces déserts?
La Discorde, Bellone, ou le dieu de la guerre,
Par ce bruit effrayant menacent-ils la terre?
De la vaste forêt l'espace en est rempli,
Dans ses sombres buissons le cerf a tressailli;
Au monarque des bois la guerre est déclarée.
Il a vu d'ennemis sa demeure entourée,
Et des chiens dévorans, en groupes dispersés,

De distance en distance autour de lui placés.
Là, le coursier fougueux, levant sa tête altière,
Bondissant sous son maître et frappant la bruyère,
De la course tardive appelle les instans.

   Mais on part; il s'élance; et des sons éclatans
Sur les traces du cerf, dont la terre est empreinte,
Ont conduit le chasseur au centre de l'enceinte.
Le timide animal s'épouvante et s'enfuit,
Et voit dans chaque objet la mort qui le poursuit.
Sa route sur le sable est à peine tracée :
Il devance en courant la vue et la pensée ;
L'œil le suit et le cherche aux lieux qu'il a quittés.
Ses cruels ennemis, par le cor excités,
S'élèvent sur ses pas au sommet des montagnes,
Ou fondent à grands cris sur les vastes campagnes.
Effrayé des clameurs et des longs hurlemens
Sans cesse à son oreille apportés par les vents,
Vers ces vents importuns il dirige sa fuite ;
Mais la troupe implacable, ardente à sa poursuite,
En saisit mieux alors ses esprits vagabonds.
Il écoute et s'élance, et s'élève par bonds ;
Il voudrait ou confondre, ou dérober sa trace,
Se dérober du sable et voler dans l'espace.
Hélas! il change en vain sa route et ses retours.

   Dans le taillis obscur il fait de longs détours ;
Il revoit ces grands bois, théâtre de sa gloire,
Où jadis cent rivaux lui cédaient la victoire,
Où, couvert de leur sang, consumé de désirs,

Pour prix de son courage il obtint les plaisirs.
Il force un jeune cerf à courir dans la plaine,
Pour présenter sa trace à la meute incertaine ;
Mais le chasseur la guide , et prévient son erreur.
Le cerf est abattu , tremblant, saisi d'horreur ;
Son armure l'accable , et sa tête est penchée ;
Sous son palais brûlant sa langue est desséchée.
Il entend de plus près des cris plus menaçans,
Et fait pour fuir encor des efforts impuissans.
Ses yeux appesantis laissent tomber des larmes.
A la troupe en fureur il oppose ses armes :
En vain le désespoir le ranime un instant ;
Il tombe , se relève, et meurt en combattant.
Saint-Lambert.

MÊME SUJET.

Le cor, pour éveiller les châteaux d'alentour,
Frappe et remplit les airs de bruyantes fanfares :
L'ardent coursier hennit, et vingt meutes barbares,
Près de porter la guerre au monarque des bois,
En rapide aboîment font éclater leur voix.
Ennemis affamés que les veneurs devancent,
Les chiens vers la forêt en tumulte s'avancent,
Et bientôt sur leurs pas l'impétueux coursier,
Tout fier d'un conducteur brillant d'or et d'acier,
Non loin de la retraite où l'ennemi repose,
Arrive. L'assaillant en ordre se dispose.
Tous ces flots de chasseurs , prudemment partagés ,

Se forment en deux corps sur les ailes rangés.
Les chiens au milieu d'eux se placent en silence.
Tout se tait : le cor sonne, on s'écrie, on s'élance,
Et soudain comme un trait, meute, coursiers, chasseurs,
Du rempart des taillis ont franchi l'épaisseur.
Éveillé dans son fort au bruit de la tempête,
La terreur dans les yeux, le cerf dresse la tête,
Voit la troupe sur lui fondant comme un éclair,
Il déserte son gîte, il court, vole et fend l'air,
Et sa course déjà, de l'aquilon rivale,
Entre l'armée et lui laisse un vaste intervalle.
Mais les chiens plus ardens, vers la terre inclinés,
Dévorant les esprits de son corps émanés,
Demeurent sans repos attachés à sa trace,
Il courent. L'animal, ô nouvelle disgrâce!
L'animal est surpris en un fort écarté.
Moins confiant alors en son agilité,
Par la feinte et la ruse il défend sa faiblesse ;
Sur lui-même trois fois il tourne avec souplesse,
Ou cherche un jeune cerf de sa vieillesse ami,
Et l'expose en sa place à l'œil de l'ennemi.

Mais la brûlante odeur des esprits qu'il envoie,
Conductrice des chiens, les ramène à sa voie.
C'est alors qu'il bondit et veut franchir les airs ;
Sa trace est reconnue ; enfin dans ces déserts,
Contre tant d'ennemis ne trouvant plus d'asile,
Le roi de la forêt à jamais s'en exile :
Il ne reverra plus ce spacieux séjour

Où vingt jeunes rivaux, vaincus en un seul jour,
Laissaient à ses plaisirs une vaste carrière :
Il franchit n'osant plus regarder en arrière,
Il franchit, les fossés, les palis et les ponts,
Et les murs et champs, et les bois et les monts.
Tout fumant de sueur, près d'un fleuve il arrive,
Et la meute avec lui déjà touche la rive.
Le premier dans les flots il s'élance à leurs yeux :
Avec des hurlemens les chiens plus furieux,
Trempés de leur écume, affamés de carnage,
Se plongent dans le fleuve, et l'ouvrent à la nage
    Cependant un nocher devance leur abord,
Et tandis que sa nef les porte à l'autre bord,
L'infortuné, poussant une pénible haleine,
Et glacé par le froid de la liquide plaine,
Vogue, franchit le fleuve, et de l'onde sorti,
Fuit encor, de chasseurs et de chiens investi.
Sa force enfin trompant son courage, il s'arrête,
Il tombe ; le cor sonne, et sa mort qui s'apprête
L'enflamme de fureur ; l'animal aux abois
Se montre digne encore de l'empire des bois.
Il combat de la tête, il couvre de blessures
L'aboyant ennemi dont il sent les morsures.
Mais il résiste en vain ; hélas ! trop convaincu
Que, faible, languissant, de fatigue vaincu,
Il ne peut inspirer que de vaines alarmes,
Pour fléchir son vainqueur il a recours aux larmes :
Ses larmes ne sauraient adoucir son vainqueur.

Il détourne ses yeux, se cache ; et le piqueur,
Impitoyable et sourd aux longs soupirs qu'il traîne,
Le perçant d'un poignard, ensanglante l'arène.
Il expire, et les cors célèbrent son trépas.

Roucher.

CHAT.

Le chat est un domestique infidèle, qu'on
ne garde que par nécessité, pour l'opposer à
un autre ennemi domestique encore plus incommode, et qu'on ne peut chasser : car nous
ne comptons pas les gens qui, ayant du goût
pour toutes les bêtes, n'élèvent des chats que
pour s'en amuser : l'un est l'usage, l'autre
l'abus ; et quoique ces animaux, surtout quand
ils sont jeunes, aient de la gentillesse, ils ont
en même temps une malice innée, un caractère faux, un naturel pervers, que l'âge augmente encore, et que l'éducation ne fait que
masquer. De voleurs déterminés, ils deviennent seulement, lorsqu'ils sont bien élevés,
souples et flatteurs comme les fripons ; ils ont
la même adresse, la même subtilité, le même
goût pour faire le mal, le même penchant à
la petite rapine ; comme eux ils savent couvrir leur marche, dissimuler leur dessein,

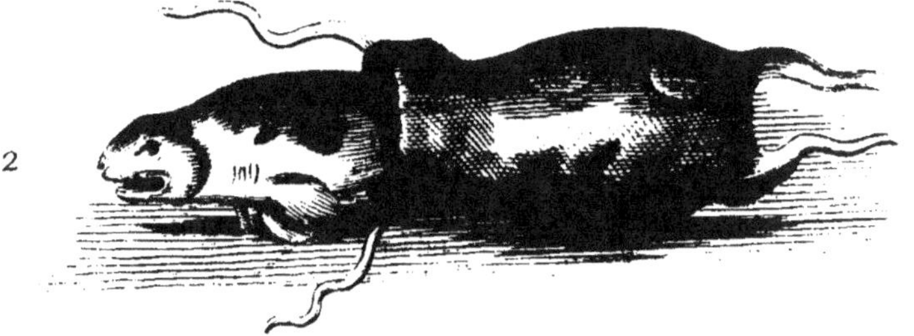

1. Chat — 2. Goulu (le) — 3. Chardonneret

épier les occasions, attendre, choisir, saisir l'instant de faire leur coup, se dérober ensuite au châtiment, fuir et demeurer éloigné jusqu'à ce qu'on les rappelle. Ils prennent aisément des habitudes de société, mais jamais des mœurs : ils n'ont que l'apparence de l'attachement ; on le voit à leurs mouvemens obliques, à leurs yeux équivoques ; ils ne regardent jamais en face la personne aimée ; soit défiance ou fausseté, ils prennent des détours pour en approcher, pour chercher des caresses auxquelles ils ne sont sensibles que pour le plaisir qu'elles leur font. Bien différent de cet animal fidèle dont tous les sentimens se rapportent à la personne de son maître, le chat paraît ne sentir que pour soi, n'aimer que sous condition, ne se prêter au commerce que pour en abuser ; et par cette convenance de naturel, il est moins incompatible avec l'homme qu'avec le chien, dans lequel tout est sincère.

La forme du corps et le tempérament sont d'accord avec le naturel ; le chat est joli, léger, adroit, propre, et voluptueux ; il aime ses aises, il cherche les meubles les plus mollets pour s'y reposer et s'ébattre... Comme les mâles sont sujets à dévorer leur progéniture, les femelles se cachent pour mettre bas; et lorsqu'elles craignent qu'on ne découvre ou qu'on n'enlève leurs petits, elles les transportent dans des trous et dans d'autres lieux ignorés ou inaccessibles; et après les avoir allaités pendant quelques semaines, elles leur apportent des souris, de petits oiseaux, et les accoutument de bonne heure à manger de la chair : mais, par une bizarrerie difficile à comprendre, ces mêmes mères, si soigneuses et si tendres, deviennent quelquefois cruelles, dénaturées, et dévorent aussi leurs petits qui leur étaient si chers.

Les jeunes chats sont gais, vifs, jolis, et seraient aussi très-propres à amuser les enfans, si les coups de pate n'étaient pas à craindre; mais leur badinage, quoique toujours agréable et léger, n'est jamais innocent, et bientôt il se tourne en malice habituelle; et comme ils ne peuvent exercer ces talens avec quelque avantage que sur les plus petits animaux, ils se mettent à l'affût près d'une cage, ils épient les oiseaux, les

souris, les rats, et deviennent d'eux-mêmes,
et sans y être dressés, plus habiles à la chasse
que les chiens les mieux instruits. Leur naturel, ennemi de toute contrainte, les rend
incapables d'une éducation suivie. On raconte
néanmoins que des moines grecs de l'île de
Chypre avaient dressé des chats à chasser,
prendre et tuer les serpens dont cette île
était infestée; mais c'était plutôt par le goût
général qu'ils ont pour la destruction, que
par obéissance, qu'ils chassaient; car ils se
plaisent à épier, attaquer et détruire assez
indifféremment tous les animaux faibles, comme
les oiseaux, les jeunes lapins, les levrauts, les
rats, les souris, les mulots, les chauves-souris,
les taupes, les crapauds, les grenouilles, les
lézards et les serpens. Ils n'ont aucune docilité, ils manquent aussi de la finesse de l'o-
dorat qui, dans le chien, sont deux qualités
éminentes; aussi ne poursuivent-ils pas les
animaux qu'ils ne voient plus; ils ne les chassent pas, mais ils les attendent, les attaquent
par surprise, et, après s'en être joués long-
temps, ils les tuent sans aucune nécessité,
lors même qu'ils sont le mieux nourris et

qu'ils n'ont aucun besoin de cette proie pour satisfaire leur appétit.

On ne peut pas dire que les chats, quoique habitans de nos maisons, soient des animaux entièrement domestiques; ceux qui sont le mieux apprivoisés n'en sont pas plus asservis : on peut même dire qu'ils sont entièrement libres; ils ne font que ce qu'ils veulent, et rien au monde ne serait capable de les retenir un instant de plus dans un lieu dont ils voudraient s'éloigner. D'ailleurs la plupart sont à demi sauvages, ne connaissent pas leurs maîtres, ne fréquentent que les greniers et les toits, et quelquefois la cuisine et l'office, lorsque la faim les presse.   *Buffon.*

CHAUVE-SOURIS.

Quoique tout soit également parfait en soi, puisque tout est sorti des mains du Créateur, il est cependant, relativement à nous, des êtres accomplis, et d'autres qui semblent être imparfaits ou difformes. Les premiers sont ceux dont la figure nous paraît agréable et complète, parce que toutes les parties sont bien ensemble, que le corps et les membres sont proportionnés, les mouvemens assortis, toutes les fonctions faciles et naturelles. Les autres, qui nous paraissent hideux, sont ceux dont les qualités nous sont nuisibles, ceux dont la nature s'éloigne de la nature commune, et dont la forme est trop différente des formes ordinaires desquelles nous avons reçu les premières sensations, et tiré les idées qui nous servent de modèles pour juger. Une tête humaine sur un cou de cheval, le corps couvert de plumes et terminé par une queue de poisson, n'offrent un tableau d'une énorme difformité, que parce qu'on y réunit ce que la nature a de plus éloigné. Un animal qui, comme la chauve-souris, est à demi quadrupède, à demi volatile, et qui n'est en tout ni l'un ni l'autre, est, pour ainsi dire, un être monstre, en ce que, réunissant les attributs de deux genres si différens, il ne ressemble à aucun des modèles que nous offrent les grandes classes de la nature. Il n'est qu'imparfaitement quadrupède, et il est encore plus imparfaitement oiseau. Un quadrupède doit avoir quatre pieds, un oiseau a des plumes et des ailes; dans la chauve-souris les pieds de de-

vant ne sont ni des pieds ni des ailes, quoiqu'elle s'en serve pour voler, et qu'elle puisse
aussi s'en servir pour se traîner : ce sont en effet
des extrémités difformes, dont les os sont
monstrueusement allongés, et réunis par une
membrane qui n'est couverte ni de plumes,
ni même de poils, comme le reste du corps :
ce sont des espèces d'ailerons, ou, si l'on
veut, des pates ailées, où l'on ne voit que
l'ongle d'un pouce court, et dont les quatre
autres doigts très-longs ne peuvent agir qu'ensemble, et n'ont point de mouvemens propres,
ni de fonctions séparées : ce sont des espèces
de mains dix fois plus grandes que les pieds,
et en tout quatre fois plus longues que le
corps entier de l'animal : ce sont, en un mot,
des parties qui ont plutôt l'air d'un caprice
que d'une production régulière.   *Buffon.*

CHEVAL.

La plus noble conquête que l'homme ait jamais faite est celle de ce fier et fougueux animal qui partage avec lui les fatigues de la
guerre et la gloire des combats : aussi intrépide que son maître, le cheval voit le péril

et l'affronte; il se fait au bruit des armes, il l'aime, il le cherche, et s'anime de la même ardeur : il partage aussi ses plaisirs, à la chasse, aux tournois, à la course; il brille, il étincelle, mais, docile autant que courageux, il ne se laisse point emporter à son feu, il sait réprimer ses mouvemens : non-seulement il fléchit sous la main de celui qui le guide, mais il semble consulter ses désirs, et obéissant toujours aux impressions qu'il en reçoit, il se précipite, se modère, ou s'arrête, et n'agit que pour y satisfaire : c'est une créature qui renonce à son être pour n'exister que par la volonté d'une autre, qui sait même la prévenir; qui, par la promptitude et la précision de ses mouvemens, l'exprime et l'exécute; qui sent autant qu'on le désire, et ne rend qu'autant qu'on veut; qui, se livrant sans réserve, ne se refuse à rien, sert de toutes ses forces, s'excède, et même meurt pour mieux obéir.

Voilà le cheval dont les talens sont développés, dont l'art a perfectionné les qualités naturelles, qui dès le premier âge a été soigné et ensuite exercé, dressé au service de l'homme. C'est par la perte de sa liberté que commence son éducation, et c'est par la contrainte qu'elle s'achève : l'esclavage ou la domesticité de ces animaux est même si universelle, si ancienne, que nous ne les voyons que rarement dans leur état naturel ; ils sont toujours couverts de harnois dans leurs travaux ; on ne les délivre jamais de tous leurs liens, même dans les temps du repos ; et si on les laisse quelquefois errer en liberté dans les pâturages , ils y portent toujours les marques de la servitude, et souvent les empreintes cruelles du travail et de la douleur : la bouche est deformée par les plis que le mors a produits, les flancs sont entamés par des plaies, ou sillonnés de cicatrices faites par l'éperon ; la corne des pieds est traversée par des clous, l'attitude du corps est encore gênée par l'impression subsistante des entraves habituelles ; on les en délivrerait en vain, ils n'en seraient pas plus libres : ceux mêmes dont l'esclavage est le plus doux, qu'on ne nourrit, qu'on n'entretient que pour le luxe et la magnificence, et dont les chaînes dorées servent moins à leur parure qu'à la vanité de leur maître, sont encore plus déshonorés par l'élégance de leur toupet, par les tresses de leurs crins, par l'or et la soie dont on les couvre, que par les fers qui sont sous leurs pieds.

La nature est plus belle que l'art, et dans un être animé la liberté des mouvemens fait la belle nature : voyez ces chevaux qui se sont multipliés dans les contrées de l'Amérique espagnole, et qui y vivent en chevaux libres : leur démarche, leur course, leurs sauts ne sont ni gênés ni mesurés; fiers de leur indépendance, ils fuient la présence de l'homme, ils dédaignent ses soins, ils cherchent et trouvent eux-mêmes la nourriture qui leur convient; ils errent, ils bondissent en liberté dans des prairies immenses, où ils cueillent les productions nouvelles d'un printemps toujours nouveau : sans habitation fixe, sans autre abri que celui d'un ciel serein, ils respirent un air plus pur que celui de ces palais voûtés où nous les renfermons en pressant les espaces qu'ils doivent occuper; aussi ces chevaux sauvages sont-ils beaucoup plus forts, plus légers, plus nerveux que la plupart des chevaux domestiques; ils ont ce que donne la nature, la force et la noblesse; les autres n'ont que ce que l'art peut donner, l'adresse et l'agrément.

Le naturel de ces animaux n'est point féroce : ils sont seulement fiers et sauvages; quoique supérieurs par la force à la plupart des autres animaux, jamais ils ne les attaquent; et, s'ils en sont attaqués, ils les dédaignent, les écartent ou les écrasent. Ils vont aussi par troupes, et se réunissent pour le seul plaisir d'être ensemble, car ils n'ont aucune crainte; mais ils prennent de l'attachement les uns pour les autres. Comme l'herbe et les végétaux suffisent à leur nourriture, qu'ils ont abondamment de quoi satisfaire leur appétit, et qu'ils n'ont aucun goût pour la chair des animaux, ils ne leur font point la guerre, ils ne se la font point entre eux, ils ne se disputent pas leur subsistance, ils n'ont jamais occasion de ravir une proie ou de s'arracher un bien, sources ordinaires de querelles et de combats parmi les autres animaux carnassiers : ils vivent donc en paix, parce que leurs appétits sont simples et modérés, et qu'ils ont assez pour ne se rien envier.

Tout cela peut se remarquer dans les jeunes chevaux qu'on élève ensemble et qu'on mène en troupeaux ; ils ont les mœurs douces et les qualités sociales ; leur force et leur ardeur ne se marquent ordinairement que par des signes d'émulation ; ils cherchent à se devancer à la course, à se faire et même s'animer au péril en se défiant à traverser une rivière, sauter un fossé ; et ceux qui dans ces exercices naturels donnent l'exemple, ceux qui d'eux-mêmes vont les premiers , sont les plus généreux, les meilleurs, et souvent les plus dociles et les plus souples, lorsqu'ils sont une fois domptés.

Le cheval reçoit de l'homme la plus belle éducation ; tous ses mouvemens toutes ses allures sont dirigés par un art qui a ses principes. C'est au manége qu'il faut voir tout ce que l'on fait apprendre aux chevaux à force d'habitude, tout ce qu'on leur fait faire à l'aide du mors et de l'éperon, etc. Cet art, qui n'est pas dédaigné par les princes et par les rois, met le cheval dans une carrière glorieuse : c'est là que l'on donne de la noblesse à son port, et de l'agrément à son maintien ;

on met à l'épreuve toutes ses forces et toute sa légèreté; on le livre à sa plus grande vitesse, on augmente son ardeur, on anime son courage, enfin on éprouve sa constance, on cultive sa docilité, et on emploie toutes les ressources de son instinct.

Le cheval est de tous les animaux celui qui, avec une grande taille, a le plus de proportion et d'élégance dans les parties de son corps; car en lui comparant les animaux qui sont immédiatement au-dessus et au-dessous, on verra que l'âne est mal fait, que le lion a la tête trop grosse, que le bœuf a les jambes trop minces et trop courtes pour la grosseur de son corps, que le chameau est difforme, et que les plus gros animaux, le rhinocéros et l'éléphant, ne sont, pour ainsi dire, que des masses informes. Le grand allongement des mâchoires est la principale cause de la différence entre la tête des quadrupèdes et celle de l'homme; c'est aussi le caractère le plus ignoble de tous; cependant, quoique les mâchoires du cheval soient fort allongées, il n'a pas comme l'âne un air d'imbécillité, ou de stupidité comme le bœuf : la régularité des pro-

portions de sa tête lui donne au contraire un
air de légèreté qui est bien soutenu par la
beauté de son encolure. Le cheval semble vouloir se mettre au-dessus de son état de quadrupède en élevant sa tête ; dans cette noble attitude il regarde l'homme face à face ; ses yeux
sont vifs et bien ouverts ; ses oreilles sont bien
faites et d'une juste grandeur, sans être courtes comme celles du taureau, ou trop longues
comme celles de l'âne ; sa crinière accompagne
bien sa tête, orne son cou, et lui donne un
air de force et de fierté ; sa queue traînante
et touffue couvre et termine avantageusement
l'extrémité de son corps : bien différente de la
courte queue du cerf, de l'éléphant, etc., et
de la queue nue de l'âne, du chameau, du
rhinocéros, etc. La queue du cheval est formée par des crins épais et longs qui semblent
sortir de la croupe, parce que le tronçon dont
ils sortent est fort courts ; il ne peut relever
sa queue comme le lion, mais elle lui sied
mieux, quoique abaissée ; et comme il peut la
mouvoir de côté, il s'en sert utilement pour
chasser les mouches qui l'incommodent ; car,
quoique sa peau soit très-ferme, et qu'elle

soit garnie partout d'un poil épais et serré,
elle est cependant très-sensible.   *Buffon.*

MÊME SUJET.

Vous voyez ces vallons, et ces coteaux déserts;
Des différens troupeaux dans les sites divers
Envoyez, répandez les peuplades nombreuses.
Là, du sommet lointain des roches buissonneuses
Je vois la chèvre pendre; ici de mille agneaux
L'écho porte les cris de coteaux en coteaux.
Dans ces prés abreuvés des eaux de la colline,
Couché sur ses genoux le bœuf pesant rumine;
Tandis qu'impétueux, fier, inquiet, ardent,
Cet animal guerrier qu'enfanta le trident,
Déploie en se jouant dans un gras pâturage,
Sa vigueur indomptée et sa grâce sauvage.
Que j'aime et sa souplesse et son port animé,
Soit que dans le courant du fleuve accoutumé,
En frissonnant, il plonge, et, luttant contre l'onde,
Batte du pied le flot qui blanchit et qui gronde,
Soit qu'à travers les prés il s'échappe par bonds;
Soit que, livrant aux vents ses longs crins vagabonds,
Superbe, l'œil en feu, les narines fumantes,
Beau d'orgueil et d'amour, il vole à ses amantes!
Quand je ne le vois plus, mon œil le suit encor.
          Delille.

L'ÉTALON.

L'étalon que j'estime, est jeune, vigoureux,
Il est superbe et doux, docile, valeureux :
Son encolure est haute, et sa tête hardie ;
Ses flancs sont larges, pleins, sa croupe est arrondie :
Il marche fièrement, il court d'un pas léger ;
Il insulte à la peur, il brave le danger.
S'il entend la trompette ou les cris de la guerre,
Il s'agite, il bondit ; son pied frappe la terre.
Son fier hennissement appelle les drapeaux,
Dans ses yeux le feu brille, il sort de ses naseaux.
Son oreille se dresse, et ses crins se hérissent :
Sa bouche est écumante, et ses membres frémissent.

. . . .

Un coursier belliqueux, qui, formé pour la gloire,
Doit avec le guerrier voler à la victoire,
Dès ses plus jeunes ans au bruit accoutumé,
Sans crainte entend tonner le salpêtre allumé.
Son œil audacieux parcourt l'éclat des armes ;
Le son de la trompette est pour lui plein de charmes ;
Il souffre les arçons, il soutient en repos
Son maître qui s'élève et s'assied sur son dos.
A ses ordres docile, il s'arrête ou s'avance,
Il revient sur ses pas, il se dresse, il s'élance ;
Plus léger que les vents par son vol devancés,
Ses pas sur la poussière à peine sont tracés.
Il aime la louange et son ardeur éclate
Au doux bruit de la main qui le frappe et le flatte.

C'est ainsi qu'un coursier utile aux champs de Mars,
Nous porte fièrement au milieu des hasards,
Perce les escadrons, vole, se précipite;
Le carnage l'anime, et le péril l'irrite.
Environné de morts, sanglant, percé de coups,
Il semble s'oublier et ne penser qu'à vous.
Quand sa force le quitte, encor plein de courage,
De l'horreur des combats il sort, il vous dégage.
Pour vous il semble craindre un coup qu'il a bravé;
Il expire content quand il vous a sauvé.

Rosset.

LE CHEVAL DOMPTÉ.

Voyez ce cheval ardent et impétueux, pendant que son écuyer le conduit et le dompte : que de mouvemens irréguliers ! C'est un effet de son ardeur, et son ardeur vient de sa force, mais d'une force mal réglée. Il se compose, il devient plus obéissant sous l'éperon, sous le frein, sous la main qui le manie à droite, à gauche, le pousse, le retient comme elle veut. A la fin il est dompté : il ne fait que ce qu'on lui demande : il sait aller le pas, il sait courir, non plus avec cette activité qui l'épuisait, par laquelle son obéissance était encore désobéissante. Son ardeur s'est changée en force ; ou plutôt, puisque cette force était en quelque façon dans cette ardeur, elle s'est réglée. Remarquez : elle n'est pas détruite, elle se règle ; il ne faut plus d'éperons, presque plus de bride ; car la bride ne fait plus l'effet de dompter l'animal fougueux ; par un petit mouvement, qui n'est que l'indication de la volonté de l'écuyer, elle l'avertit plutôt qu'elle ne le force, et le paisible animal ne fait plus, pour ainsi dire, qu'écouter : son action est tellement unie à celle de celui qui le mène, qu'il ne s'ensuit plus qu'une seule et même action.   *Bossuet.*

CHEVAUX ARABES.

Les jumens, selon la noblesse de leur race, sont traitées avec plus ou moins d'honneur, mais toujours avec une rigueur extrême. On ne met point les chevaux à l'ombre ; on les laisse exposés à toute l'ardeur du soleil, attachés en terre à des piquets par les quatre pieds, de manière à les rendre immobiles ; on ne leur ôte jamais la selle ; souvent ils ne boivent qu'une seule fois, et ne mangent qu'un peu d'orge en vingt-quatre heures. Un traitement si rude, loin de les faire dépérir,

leur donne la sobriété, la patience et la vitesse. J'ai souvent admiré un cheval arabe
ainsi enchaîné dans le sable brûlant, les crins
descendant épars, la tête baissée entre ses
jambes pour trouver un peu d'ombre, et laissant tomber de son œil sauvage un regard
oblique sur son maître. Avez-vous dégagé ses
pieds des entraves, vous êtes-vous élancé sur
son dos, *il écume, il frémit, il dévore la
terre, la trompette sonne, il dit : Allons !*
et vous reconnaissez le cheval de Job [1].

Chateaubriand.

CHÈVRE.

QUOIQUE les espèces dans les animaux soient
toutes séparées par un intervalle que la nature
ne peut franchir, quelques-unes semblent se
rapprocher par un si grand nombre de rapports, qu'il ne reste, pour ainsi dire, entre
elles que l'espace nécessaire pour tirer la ligne
de séparation ; et lorsque nous comparons ces
espèces voisines, et que nous les considérons
relativement à nous, les unes se présentent

---

[1] *Fervens et fremens sorbet terram.... Ubi audierit
buccinam, dicit : Vah !*　　　JOB. XXXIX.

1. Giraffe — 2. Carpe — 3. Émeu.

comme des espèces de première utilité , et les
autres semblent n'être que des espèces auxiliaires , qui pourraient , à bien des égards ,
remplacer les premières , et nous servir aux
mêmes usages. L'âne pourrait presque remplacer le cheval ; et de même , si l'espèce de
la brebis venait à nous manquer , celle de la
chèvre pourrait y suppléer. La chèvre fournit du lait comme la brebis , et même en plus
grande abondance ; elle donne aussi du suif
en quantité : son poil , quoique plus rude que
la laine , sert à faire de très-bonnes étoffes :
sa peau vaut mieux que celle du mouton ; la
chair du chevreau approche assez de celle de
l'agneau, etc. Ces espèces auxiliaires sont plus
agrestes , plus robustes que les espèces principales ; l'âne et la chèvre ne demandent pas
autant de soin que le cheval et la brebis ;
partout ils trouvent à vivre et broutent également les plantes de toute espèce , les herbes
grossières , les arbrisseaux chargés d'épines ;
ils sont moins affectés de l'intempérie du climat ; ils peuvent mieux se passer du secours
de l'homme ; moins ils nous appartiennent ,
plus ils semblent appartenir à la nature ; et

au lieu d'imaginer que ces espèces subalternes n'aient été produites que par la dégénération des espèces premières, au lieu de regarder l'âne comme un cheval dégénéré, il y aurait plus de raison de dire que le cheval est un âne perfectionné ; que la brebis n'est qu'une espèce de chèvre plus délicate que nous avons soignée, perfectionnée, propagée pour notre utilité, et qu'en général ce sont les espèces les plus parfaites des animaux sauvages qui en approchent le plus, la nature seule ne pouvant faire autant que la nature et l'homme réunis.

La chèvre a de sa nature plus de sentiment et de ressource que la brebis ; elle vient à l'homme volontiers, elle se familiarise aisément, elle est sensible aux caresses et capable d'attachement ; elle est aussi plus forte, plus légère, plus agile et moins timide que la brebis ; elle est vive, capricieuse et vagabonde. Ce n'est qu'avec peine qu'on la conduit et qu'on peut la réduire en troupeau : elle aime à s'écarter dans les solitudes, à grimper sur les lieux escarpés, à se placer, et même à dormir sur la pointe des rochers et sur le bord des précipices ; elle est robuste, aisée à nourrir ; presque toutes les herbes lui sont bonnes , et il y en a peu qui l'incommodent. Le tempérament , qui dans tous les animaux influe beaucoup sur le naturel , ne paraît cependant pas dans la chèvre différer essentiellement de celui de la brebis. Ces deux espèces d'animaux , dont l'organisation intérieure est presque entièrement semblable, se nourrissent, croissent et multiplient de la même manière , et se ressemblent encore par le caractère des maladies , qui sont les mêmes , à l'exception de quelques-unes auxquelles la chèvre n'est pas sujette ; elle ne craint pas , comme la brebis , la trop grande chaleur ; elle dort au soleil et s'expose volontiers à ses rayons les plus vifs , sans en être incommodée , et sans que cette ardeur lui cause ni étourdissemens , ni vertiges ; elle ne s'effraie point des orages , ne s'impatiente pas à la pluie , mais elle paraît être sensible à la rigueur du froid. Les mouvemens extérieurs , lesquels, comme nous l'avons dit , dépendent beaucoup moins de la conformation du corps que de la force et de la variété des sensations relatives à l'appétit et au désir , sont par cette raison beaucoup moins mesurés ,

beaucoup plus vifs dans la chèvre que dans la
brebis.   *Buffon.*

CHEVREUIL.

Le cerf, comme le plus noble des habitans
des bois , occupe dans les forêts les lieux ombragés par les cimes élevées des plus hautes
futaies : le chevreuil, comme étant d'une espèce inférieure, se contente d'habiter sous des
lambris plus bas , et se tient ordinairement
dans le feuillage épais des plus jeunes taillis ;
mais s'il a moins de noblesse , moins de face ,
et beaucoup moins de hauteur de taille, il a
plus de grâce , plus de vivacité et même plus
de courage que le cerf ; il est plus gai , plus
leste , plus éveillé ; sa forme est plus arrondie,
plus élégante , et sa figure plus agréable ; ses
yeux surtout sont plus beaux , plus brillans ,
et paraissent animés d'un sentiment plus vif ;
ses membres sont plus souples , ses mouvemens plus prestes , et il bondit sans effort
avec autant de force que de légèreté. Sa robe
est toujours propre , son poil net et lustré ,
il ne se roule jamais dans la fange comme le
cerf ; il ne se plaît que dans les pays les plus

élevés , les plus secs , où l'air est le plus pur;
il est encore plus rusé , plus adroit à se dérober , plus difficile à suivre ; il a plus de finesse , plus de ressources d'instinct, car quoiqu'il ait le désavantage mortel de laisser après
lui des impressions plus fortes , et qui donnent
aux chiens plus d'ardeur et plus de véhémence
d'appétit que l'odeur du cerf , il ne laisse pas
de savoir se soustraire à leur poursuite par la
rapidité de sa première course et par ses détours multipliés : il n'attend pas , pour employer la ruse , que la force lui manque ; dès
qu'il sent , au contraire , que les premiers efforts d'une fuite rapide ont été sans succès , il
revient sur ses pas , retourne , revient encore ;
et lorsqu'il a confondu par ses mouvemens
opposés la direction de l'aller avec celle du
retour , lorsqu'il a mêlé les émanations présentes avec les émanations passées , il se sépare
de la terre par un bond , et , se jetant à côté,
il se met ventre à terre , et laisse , sans bou-
ger , passer près de lui la troupe entière de ses
ennemis ameutés.

Il diffère du cerf et du daim par le naturel ,
par le temparément , par les mœurs , et aussi

par presque toutes les habitudes de nature : au lieu de se mettre en hordes comme eux, et de marcher par grandes troupes, il demeure en famille ; le père, la mère et les petits vont ensemble, et on ne les voit jamais s'associer avec des étrangers. *Buffon.*

CHIEN.

La grandeur de la taille, l'élégance de la forme, la force du corps, la liberté des mouvemens, toutes les qualités extérieures, ne sont pas ce qu'il y a de plus noble dans un être animé ; et comme nous préférons dans l'homme l'esprit à la figure, le courage à la force, les sentimens à la beauté, nous jugeons aussi que les qualités intérieures sont ce qu'il y a de plus relevé dans l'animal ; c'est par elles qu'il diffère de l'automate, qu'il s'élève au-dessus du végétal et s'approche de nous ; c'est le sentiment qui ennoblit son être, qui le régit, qui le vivifie, qui commande aux organes, rend les membres actifs, fait naître le désir, et donne à la matière le mouvement progressif, la volonté, la vie.

La perfection de l'animal dépend donc de

la perfection du sentiment ; plus il est étendu, plus l'animal a de facultés et de ressources ; plus il existe , plus il a de rapports avec le reste de l'univers : et lorsque le sentiment est délicat, exquis, lorsqu'il peut encore être perfectionné par l'éducation , l'animal devient digne d'entrer en société avec l'homme ; il sait concourir à ses desseins, veiller à sa sûreté , l'aider , le défendre , le flatter ; il sait par des services assidus, par des caresses réitérées , se concilier son maître , le captiver, et de son tyran se faire un protecteur.

Le chien , indépendamment de la beauté de sa forme , de la vivacité , de la force , de la légèreté , a par excellence toutes les qualités intérieures qui peuvent lui attirer les regards de l'homme. Un naturel ardent , colère , même féroce et sanguinaire rend le chien sauvage redoutable à tous les animaux , et cède dans le chien domestique aux sentimens les plus doux , aux plaisirs de s'attacher et au désir de plaire ; il vient en rampant mettre aux pieds de son maître son courage , sa force , ses talens ; il attend ses ordres pour en faire usage , il le consulte , il l'interroge , il le supplie ; un coup d'œil suffit, il entend les signes de sa volonté : sans avoir , comme l'homme , la lumière de la pensée , il a toute la chaleur du sentiment ; il a de plus que lui la fidélité , la constance dans ses affections ; nulle ambition , nul intérêt , nul désir de vengeance , nulle crainte que celle de déplaire ; il est tout zèle , tout ardeur , et tout obéissance ; plus sensible au souvenir des bienfaits qu'à celui des outrages , il ne se rebute pas par les mauvais traitemens , il les subit , les oublie , ou ne s'en souvient que pour s'attacher davantage ; loin de s'irriter ou de fuir , il s'expose de lui-même à de nouvelles épreuves , il lèche cette main , instrument de douleur , qui vient de le frapper , il ne lui oppose que la plainte , et la désarme enfin par la patience et la soumission.

Plus docile que l'homme, plus souple qu'aucun des animaux, non-seulement le chien s'instruit en peu de tèmps , mais même il se conforme aux mouvemens , aux manières , à toutes les habitudes de ceux qui lui commandent ; il prend le ton de la maison qu'il habite ; comme les autres domestiques, il est dédaigneux chez les grands, et rustre à la campagne : toujours empressé pour son maître et prévenant pour ses seuls amis, il ne fait aucune attention aux gens indifférens, et se déclare contre ceux qui par état ne sont faits que pour importuner ; il les connaît aux vêtemens, à la voix, à leurs gestes, et les empêche d'approcher. Lorsqu'on lui a confié pendant la nuit la garde de la maison, il devient plus fier, et quelquefois féroce ; il veille, il fait la ronde ; il sent de loin les étrangers ; et, pour peu qu'ils s'arrêtent ou tentent de franchir les barrières, il s'élance, s'oppose, et, par des aboiemens réitérés, des efforts et des cris de colère, il donne l'alarme, avertit et combat : aussi furieux contre les hommes de proie que contre les animaux carnassiers, il se précipite sur eux, les blesse, les déchire, leur ôte ce qu'ils s'efforçaient d'enlever ; mais, content d'avoir vaincu, il se repose sur les dépouilles, n'y touche pas, même pour satisfaire son appétit, et donne en même temps des exemples de courage, de tempérance et de fidélité.

On sentira de quelle importance cette espèce est dans l'ordre de la nature. En supposant un instant qu'elle n'eût jamais existé, comment l'homme aurait-il pu sans le secours du chien, conquérir, dompter, réduire en esclavage les autres animaux ? comment pourrait-il encore aujourd'hui découvrir, chasser, détruire les bêtes sauvages et nuisibles ? Pour se mettre en sûreté, et pour se rendre maître de l'univers vivant, il a fallu commencer par se faire un parti parmi les animaux, se concilier avec douceur et par caresse ceux qui se sont trouvés capables de s'attacher et d'obéir, afin de les opposer aux autres. Le premier art de l'homme a donc été l'éducation du chien, et le fruit de cet art la conquête et la possession paisible de la terre. La plupart des animaux ont plus d'agilité, plus de vitesse, plus de force, et même plus de courage que l'homme ; la nature les a mieux munis, mieux armés ; ils ont aussi les sens, et surtout l'odorat, plus parfaits. Avoir gagné une espèce courageuse et docile comme celle du chien, c'est avoir acquis de nouveaux sens et les facultés qui nous manquent, les machines, les instrumens que nous avons imaginés pour perfec-

tionner nos autres sens, pour en augmenter
l'étendue, n'approchant pas, même pour l'utilité, de ces machines toutes faites que la
nature nous présente, et qui, en suppléant
à l'imperfection de notre odorat, nous ont
fourni de grands et éternels moyens de vaincre et de régner : et le chien fidèle à l'homme,
conservera toujours une portion de l'empire,
un degré de supériorité sur les autres animaux; il leur commande, il règne lui-même
à la tête d'un troupeau, il s'y fait mieux entendre que la voix du berger; la sûreté, l'ordre et la discipline, sont les fruits de sa vigilance et de son activité; c'est un peuple qui
lui est soumis, qu'il conduit, qu'il protége,
et contre lequel il n'emploie jamais la force
que pour maintenir la paix. Mais c'est surtout
à la guerre, c'est contre les animaux ennemis
ou indépendans, qu'éclate son courage, et
que son intelligence se déploie tout entière :
les talens naturels se réunissent ici aux qualités
acquises. Dès que le bruit des armes se fait entendre, dès que le son du clairon, la voix du
chasseur a donné le signal d'une guerre prochaine, brillant d'une ardeur nouvelle, le

chien marque sa joie par les plus vifs transports; il annonce par ses mouvemens et par
ses cris l'impatience de combattre et le désir
de vaincre; marchant ensuite en silence, il
cherche à reconnaître le pays, à découvrir, à
surprendre l'ennemi dans son fort; il recherche ses traces, il les suit pas à pas, et par des
accens différens indique le temps, la distance,
l'espèce, et même l'âge de celui qu'il poursuit.

Intimidé, pressé, désespérant de trouver
son salut dans la fuite, l'animal se sert aussi
de toutes ses facultés; il oppose la ruse à la
sagacité; jamais les ressources de l'instinct ne
furent plus admirables : pour faire perdre sa
trace, il va, vient et revient sur ses pas; il
fait des bonds, il voudrait se détacher de la
terre, et supprimer les espaces; il franchit
d'un saut les routes, les haies, passe à la nage
les ruisseaux, les rivières; mais toujours poursuivi, et ne pouvant anéantir son corps, il
cherche à en mettre un autre à sa place, il va
lui-même troubler le repos d'un voisin plus
jeune et moins expérimenté, le faire lever,
marcher, fuir avec lui; et lorsqu'ils ont confondu leurs traces, lorsqu'il croit l'avoir sub-

stitué à sa mauvaise fortune, il le quitte plus brusquement encore qu'il ne l'a joint, afin de le rendre seul l'objet et la victime de l'ennemi trompé.

Mais le chien, par cette supériorité que donnent l'exercice et l'éducation, par cette finesse de sentiment qui n'appartiennent qu'à lui, ne perd pas l'objet de sa poursuite ; il démêle les points communs, délie les nœuds du fil tortueux qui seul peut y conduire ; il voit de l'odorat tous les détours du labyrinthe, toutes les fausses routes où l'on a voulu l'égarer ; et loin d'abandonner son ennemi pour un indifférent, après avoir triomphé de la ruse, il s'indigne, il redouble d'ardeur, arrive enfin, l'attaque, et, le mettant à mort, étanche dans le sang sa soif et sa haine.

Le penchant pour la chasse ou la guerre nous est commun avec les animaux ; l'homme sauvage ne sait que combattre et chasser. Tous les animaux qui aiment la chair, et qui ont de la force et des armes, chassent naturellement : le lion, le tigre, dont la force est si grande, qu'ils sont sûrs de vaincre, chassent seuls et sans art ; les loups, les renards, les chiens sauvages, se réunissent, s'entendent, s'aident, se relaient, et partagent la proie ; et lorsque l'éducation a perfectionné ce talent naturel dans le chien domestique, lorsqu'on lui a appris à réprimer son ardeur, à mesurer ses mouvemens, qu'on l'a accoutumé à une marche régulière, et à l'espèce de discipline nécessaire à cet art, il chasse avec méthode et toujours avec succès.

Dans les pays déserts, dans les contrées dépeuplées, il y a des chiens sauvages qui, pour les mœurs, ne diffèrent des loups que par la facilité qu'on trouve à les apprivoiser ; ils se réunissent aussi en plus grandes troupes pour chasser et attaquer en force les sangliers, les taureaux sauvages, et même les lions et les tigres. En Amérique ces chiens sauvages sont des races anciennement domestiques ; ils y ont été transportés d'Europe ; quelques - uns, ayant été oubliés ou abandonnés dans ces déserts, s'y sont multipliés au point qu'ils se répandent par troupes dans les contrées habi- tées, où ils attaquent le bétail, et insultent même les hommes : on est donc obligé de les écarter par la force, et de les tuer comme les autres bêtes féroces ; et les chiens sont tels en effet tant qu'ils ne connaissent pas les hommes : mais lorsqu'on les approche avec douceur, ils s'adoucissent, deviennent bientôt familiers, et demeurent fidèlement attachés à leurs maîtres ; au lieu que le loup, quoique pris jeune et élevé dans les maisons, n'est doux que dans le premier âge, ne perd jamais son goût pour la proie, et se livre tôt ou tard à son penchant pour la rapine et la destruction.

L'on peut dire que le chien est le seul animal dont la fidélité soit à l'épreuve ; le seul qui connaisse toujours son maître et les amis de la maison ; le seul qui, lorsqu'il arrive un inconnu, s'en aperçoive ; le seul qui entende son nom, et qui reconnaisse la voix domestique ; le seul qui ne se confie point à lui-même ; le seul qui, lorsqu'il a perdu son maître, et qu'il ne peut le retrouver, l'appelle par ses gémissemens ; le seul qui, dans un voyage long qu'il n'aura fait qu'une fois, se souvienne du chemin et retrouve la route ; le seul enfin dont les talens naturels soient évidens et l'éducation toujours heureuse ; et de même que

de tous les animaux le chien est celui dont le
naturel est le plus susceptible d'impression , et
se modifie le plus aisément par les causes morales, il est aussi de tous celui dont la nature
est la plus sujette aux variétés et aux altérations
causées par les influences physiques : le tempérament, les facultés, les habitudes du corps
varient prodigieusement, la forme même n'est
pas constante : dans le même pays un chien
est très-différent d'un autre chien , et l'espèce
est, pour ainsi dire, toute différente d'elle-
même dans les différens climats. Si l'on considère que le chien de berger, malgré sa laideur
et son air triste et sauvage, est cependant supérieur par l'instinct à tous les autres chiens,
qu'il a un caractère décidé auquel l'éducation
n'a point de part, qu'il est le seul qui naisse,
pour ainsi dire, tout élevé, et que, guidé par
le seul naturel, il s'attache de lui-même à la
garde des troupeaux avec une assiduité, une
vigilance, une fidélité singulières ; qu'il les
conduit avec une intelligence admirable et
non communiquée; que ses talens font l'étonnement et le repos de son maître ; tàndis qu'il
faut, au contraire , beaucoup de temps et de

peines pour instruire les autres chiens et les
dresser aux usages auxquels on les destine ; on
se confirmera dans l'opinion que ce chien est
le vrai chien de la nature, celui qu'elle nous
a donné pour la plus grande utilité, celui
qui a le plus de rapport avec l'ordre général
des êtres vivans, qui ont mutuellement besoin les uns des autres, celui enfin qu'on
doit regarder comme la souche et le modèle
de l'espèce entière.   *Buffon.*

MÊME SUJET.

Le chien, aimable autant qu'utile,
Superbe et caressant, courageux mais docile.
Formé pour le conduire et pour le protéger,
Du troupeau qu'il gouverne il est le vrai berger.
Le ciel l'a fait pour nous, et dans leur cour rustique
Il fut des rois pasteurs le premier domestique.
Redevenu sauvage, il erre dans le bois :
Qu'il aperçoive l'homme, il rentre sous ses lois :
Et, par un vieil instinct qui jamais ne s'efface,
Semble de ses amis reconnaître la trace.

Gardant du bienfait seul le doux ressentiment,
Il vient lécher ma main après le châtiment ;
Souvent il me regarde ; humide de tendresse,
Son œil affectueux implore une caresse.
J'ordonne, il vient à moi ; je menace, il me fuit ;

Je l'appelle, il revient; je fais signe, il me suit;
Je m'éloigne, quels pleurs! je reviens, quelle joie!
Chasseur sans intérêt il m'apporte sa proie.
Sévère dans la ferme, humain dans la cité,
Il soigne le malheur, conduit la cécité;
Et moi, de l'Hélicon malheureux Bélisaire,
Peut-être un jour ses yeux guideront ma misère.
Est-il hôte plus sûr, ami plus généreux?
Un riche marchandait le chien d'un malheureux;
Cette offre l'affligea : « Dans mon destin funeste,
» Qui m'aimera, dit-il, si mon chien ne me reste? »
Point de trêve à ses soins, de borne à son amour,
Il me garde la nuit, m'accompagne le jour.
Dans la foule étonnée on l'a vu reconnaître,
Saisir et dénoncer l'assassin de son maître,
Et quand son amitié n'a pu le secourir,
Quelquefois sur sa tombe il s'obstine à mourir.

Enfin le grand Buffon écrivit son histoire,
Homère l'a chanté, rien ne manque à sa gloire :
Et lorsqu'à son retour, le chien d'Ulysse absent
Dans l'excès du plaisir meurt en le caressant,
Oubliant Pénélope, Eumée, Ulysse même,
Le lecteur voit en lui le héros du poëme.

Delille.

CIGOGNE.

Dans les nombreuses familles de ce peuple
amphibie des rivages de la mer et des fleuves, celle de la cigogne, plus connue, plus
célébrée qu'aucune autre, se présente la première; elle est composée de deux espèces qui
ne diffèrent que par la couleur, car du reste
il semble que, sous la même forme et d'après
le même dessin, la nature ait produit deux
fois le même oiseau, l'un blanc et l'autre noir;
cette différence, tout le reste étant semblable, pourrait être comptée pour rien, s'il n'y
avait pas entre ces deux mêmes oiseaux différence d'instinct et diversité de mœurs. La
cigogne noire cherche les lieux déserts, se
perche dans les bois, fréquente les marécages
écartés, et niche dans l'épaisseur des forêts.
La cigogne blanche choisit, au contraire, nos
habitations pour domicile; elle s'établit sur
les tours, sur les cheminées et les combles
des édifices : amie de l'homme, elle en partage le séjour, et même le domaine; elle pêche
dans nos rivières, chasse jusque dans nos jardins, se place au milieu des villes, sans s'ef-

frayer de leur tumulte, et partout hôte res-
pecté et bien-venu, elle paye par des services
le tribut qu'elle doit à la société : plus civi-
lisée, elle est aussi plus féconde, plus nombreuse, et plus généralement répandue que
la cigogne noire, qui paraît confinée dans
certains pays, et toujours dans les lieux solitaires.

On attribue à la cigogne des vertus morales
dont l'image est toujours respectable ; la tempérance, la fidélité conjugale, la piété filiale
et paternelle. Il est vrai que la cigogne nourrit très-long-temps ses petits, et ne les quitte
pas qu'elle ne leur voie assez de force pour
se défendre et se pourvoir d'eux-mêmes ; que,
quand ils commencent à voleter hors du nid
et à s'essayer dans les airs, elle les porte sur
ses ailes ; qu'elle les défend dans les dangers,
et qu'on l'a vue, ne pouvant les sauver, pré-
férer de périr avec eux plutôt que de les
abandonner. On l'a de même vue donner des
marques d'attachement et même de reconnaissance pour les lieux et pour les hôtes qui
l'ont reçue : on assure l'avoir entendue cla-
queter en passant devant les portes, comme

pour avertir de son retour, et faire en par-
tant un semblable signe d'adieu. Mais ces qualités morales ne sont rien en comparaison de
l'affection que marquent, et des tendres soins
que donnent ces oiseaux à leurs parens trop
faibles ou trop vieux. On a souvent vu des
cigognes jeunes et vigoureuses apporter de la
nourriture à d'autres, qui, se tenant sur le
bord du nid, paraissaient languissantes et
affaiblies, soit par quelque accident passager,
soit que réellement la cigogne, comme l'ont
dit les anciens, ait le touchant instinct de
soulager la vieillesse, et que la nature, en
plaçant jusque dans des cœurs bruts ces pieux
sentimens auxquels les cœurs humains ne sont
que trop souvent infidèles, ait voulu nous en
donner l'exemple. La loi de nourrir ses parens fut faite en leur honneur, et nommée
de leur nom chez les Grecs. Aristophane en
fait une ironie amère contre l'homme.

Élien assure que les qualités morales de la
cigogne étaient la première cause du respect
et du culte des Égyptiens pour elle; et c'est
peut-être un reste de cette ancienne opinion
qui fait aujourd'hui le préjugé du peuple,

qui est persuadé qu'elle apporte le bonheur à la maison où elle vient s'établir.

Chez les anciens ce fut un crime de donner la mort à la cigogne, ennemie des espèces nuisibles. En Thessalie, il y eut peine de mort pour le meurtre d'un de ces oiseaux, tant ils étaient précieux à ce pays, qu'ils purgeaient des serpens. Dans le Levant, on conserve encore une partie de ce respect pour la cigogne. On ne la mangeait pas chez les Romains : un homme qui, par un luxe bizarre, s'en fit servir une, en fut puni par les railleries du peuple. Au reste, la chair n'en est pas assez bonne pour être recherchée, et cet oiseau, né notre ami, et presque notre domestique, n'est pas fait pour être notre victime.
Buffon.

CLIMAT.

La couleur de la peau, des cheveux et des yeux varie par la seule influence du climat ; les autres changemens, tels que ceux de la taille, de la forme des traits et de la qualité des cheveux, ne me paraissent pas dépendre de cette seule cause ; car dans la race des nègres, lesquels, comme l'on sait, ont pour la plupart la tête couverte d'une laine crépue, le nez épaté, les lèvres épaisses, on trouve des nations entières avec de longs et vrais cheveux, avec des traits réguliers ; et si l'on comparait dans la race des blancs le Danois au Calmouque, ou seulement le Finlandais au Lapon dont il est si voisin, on trouverait entre eux autant de différence, pour les traits et la taille, qu'il y en a dans la race des noirs : par conséquent il faut admettre, pour ces altérations, qui sont plus profondes que les premières, quelques autres causes réunies avec celle du climat. La plus générale et la plus directe est la qualité de la nourriture ; c'est principalement par les alimens que l'homme reçoit l'influence de la terre qu'il habite ; celle de l'air et du ciel agit plus superficiellement ; et tandis qu'elle altère la surface la plus extérieure en changeant la couleur de la peau, la nourriture agit sur la forme intérieure par ses propriétés, qui sont constamment relatives à celles de la terre qui la produit. On voit dans le même pays des différences marquées entre les hommes qui en occupent les hauteurs, et ceux qui demeurent dans les lieux bas ; les habitans de la montagne sont toujours mieux faits, plus vifs et plus beaux que ceux de la vallée ; à plus forte raison dans des climats éloignés du climat primitif, dans des climats où les herbes, les fruits, les grains et la chair des animaux sont de qualité et même de substance différentes, les hommes qui s'en nourrissent doivent devenir différens. Ces impressions ne se font pas subitement, ni même dans l'espace de quelques années ; il faut du temps pour que l'homme reçoive la teinture du ciel, il en faut encore plus pour que la terre lui transmette ses qualités ; et il a fallu des siècles, joints à un usage toujours constant des mêmes nourritures, pour influer sur la forme des traits, sur la grandeur du corps, sur la substance des cheveux, et produire ces altérations intérieures, qui, s'étant ensuite perpétuées par la génération, sont devenues les caractères généraux et constans auxquels on reconnaît les races et même les nations différentes qui composent le genre humain.

Buffon.

COLIBRI.

Avec la lourde autruche et ses mesquines ailes,
Comparez cet oiseau qui, moins vu qu'entendu,
Ainsi qu'un trait agile à nos yeux est perdu,
Du peuple ailé des airs brillante miniature,
Où le ciel des couleurs épuisa la parure ;
Et, pour tout dire enfin, le charmant colibri
Qui, de fleurs, de rosée et de vapeurs nourri,
Jamais sur chaque tige un instant ne demeure,
Glisse et ne passe pas, suce moins qu'il n'effleure
Phénomène léger, chef-d'œuvre aérien,
De qui la grâce est tout, et le corps presque rien ;
Vif, prompt, gai, de la vie aimable et frêle esquisse,
Et des dieux, s'ils en ont, le plus charmant caprice.

Delille.

COQ.

Que le coq, de ses sœurs et l'époux et le roi,
Toujours marche à leur tête et leur donne la loi.
Il peut, dix ans entiers, les aimer, les conduire ;
Il est né pour l'amour, il est né pour l'empire ;
En amour, en fierté, le coq n'a point d'égal.
Une crête de pourpre orne son front royal ;
Son œil noir lance au loin de vives étincelles ;
Un plumage éclatant peint son corps et ses ailes,
Dore son cou superbe, et flotte en longs cheveux.
De sanglans éperons arment ses pieds nerveux ;
Sa queue, en se jouant, du dos jusqu'à la crête,

S'avance et se recourbe en ombrageant sa téte.

Des Grecs et des Romains autrefois révéré,
Le coq était des dieux l'interprète sacré.
J'omets ses vains honneurs, je chante ses services ;
Lorque du jour l'aurore, apportant les prémices,
Blanchit de sa lumière et les monts et les toits,
Du héraut du soleil vous entendez la voix.
Il l'appelle, il l'annonce, et lui rend son hommage ;
Des heures de la nuit son chant fait le partage ;
Il en marque le cours et celui du sommeil,
Il fixe le travail, le repos, le réveil ;
Il est du temps qui f███ la mesure vivante.
Sa tendresse, toujours active et vigilante,
Défend le peuple heureux qu'il conduit par ses soins ;
Roi sensible, époux tendre, il veille à leurs besoins.

Rosset.

MÊME SUJET.

Amant jaloux et monarque intrépide,
Si d'un rival l'aspect frappait ses yeux,
Vous le verriez, athlète furieux,
Lui déclarer une guerre sanglante :
Tout son cortége, en une morne attente,
De ce combat inquiet spectateur,
Allume encor sa haine et sa valeur.
Triomphe-t-il ; Dieu ! quel transport éclate !
Il fait voler son casque d'écarlate ;
D'un rouge obscur son œil s'est coloré ;
Son bec sanglant proclame la victoire ;

Je vois s'enfler son plumage doré,
Et chaque plume a tressailli de gloire.
Est-il vaincu ; muet, abandonné,
Objet de haine, il court dans la retraite,
Loin du sérail, en sultan détrôné,
Pleurer sa honte et cacher sa défaite.

Campenon.

COQUILLAGES.

Voyez au fond des eaux ces nombreux coquillages;
La terre a moins de fruits, les bois moins de feuillages
Tout ce que le soleil prodigue de couleurs,
Les sept rayons d'Iris, l'émail brillant de fleurs,
Les jets de la lumière et les taches de l'ombre,
S'épuisent pour former leurs nuances sans nombre
Dans leurs contours divers quelle variété !
Chacun d'eux a sa grâce et son utilité.
Volutes, chapiteaux, fuseaux, navettes, aiguilles,
Quelles formes n'ont pas leurs nombreuses familles !
Partout le grand artiste a varié son plan.
Ici c'est un étui ; là se montre un cadran ;
L'un en casque brillant est sorti de son moule ;
L'autre en vis tortueuse élégamment se roule,
L'autre de l'araignée a la forme et le nom ;
Un autre imite aux yeux la trompe ou le clairon ;
Là c'est une massue, ailleurs une tiare ;
Celui-ci d'un long peigne offre l'aspect bizarre ;
L'autre en boîte de nacre est joint à son rocher ;
Cet autre est un vaisseau dont le petit nocher,

Son instinct pour boussole, et son art pour étoile,
Est lui-même le mât, le pilote et la voile.
Un autre moins heureux, sous un toit emprunté,
Est contraint de cacher sa triste nudité,
Et contre ses rivaux dispute une coquille.
Observons des oursins l'épineuse famille,
Qui, de longs javelots s'armant de toutes parts,
Chemine, au lieu de pieds, sur des milliers de dards ;
Et de ses aiguillons, dirigeant la piqûre,
Atteint ses ennemis et saisit sa pâture.

Delille.

CROCODILE.

Le crocodile est d'un naturel peureux, cruel, rusé, pervers, prompt à faire le mal, et adroit à tendre des piéges. Il est si lâche, que le bruit l'effraie, et surtout la voix de l'homme, qu'il craint beaucoup lorsqu'elle est élevée. Les habitans de Tentyris le croient invulnérable dans toutes les parties de son corps ; cependant il peut être blessé aux yeux, aux oreilles et au ventre ; mais son dos et sa queue sont défendus par de fortes écailles impénétrables aux coups qu'on peut lui porter. Ces peuples ont une telle habitude des crocodiles, que souvent ils nagent dans les rivières du

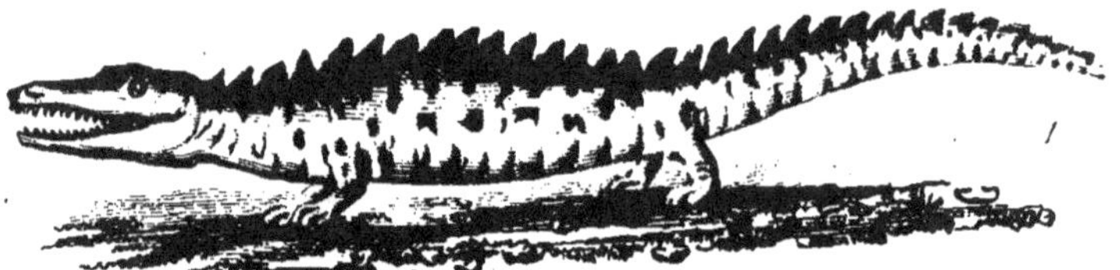

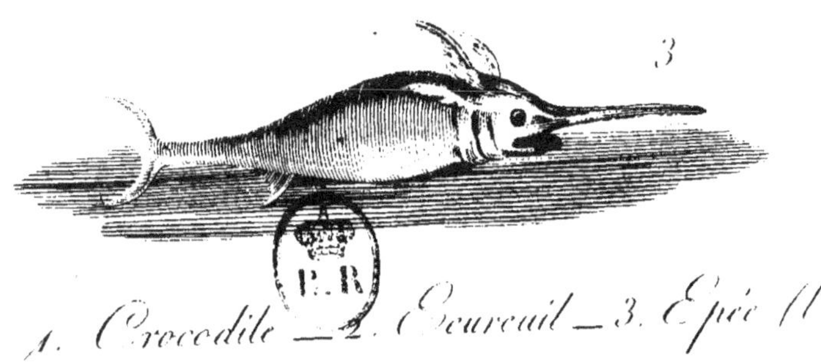

1. Crocodile — 2. Écureuil — 3. Épée (l')

pays où se trouvent ces amphibies, dont ils approchent sans crainte, et qu'ils touchent même avec la main; mais il n'en est pas de même chez les Ombitiens, qui en sont infestés. Les crocodiles y font d'horribles dégâts, et ils y sont si méchans, que les habitans n'ont aucune sûreté lorsqu'ils vont se laver les pieds, ou puiser de l'eau dans les rivières; ils ne peuvent pas même se promener sur les rivages. Les habitans de quelques provinces d'Égypte ont adoré cet animal; dans d'autres cantons on les a en horreur, et on les met en croix. *Ælien.*

CYGNE.

Dans toute société, soit des animaux, soit des hommes, la violence fit des tyrans; la douce autorité fait les rois. Le lion et le tigre sur la terre, l'aigle et le vautour dans les airs, ne règnent que par la guerre, ne dominent que par l'abus de la force et par la cruauté, au lieu que le cygne règne sur les eaux à tous les titres qui fondent un empire de paix, la grandeur, la majesté, la douceur; avec des puissances, des forces, du courage, et la volonté de n'en pas abuser et de ne les employer que pour la défense, il sait combattre et vaincre sans jamais attaquer : roi paisible des oiseaux d'eau, il brave les tyrans de l'air; il attend l'aigle sans le provoquer, sans le craindre; il repousse ses assauts en opposant à ses armes la résistance de ses plumes et les coups précipités d'une aile vigoureuse qui lui sert d'égide; et souvent la victoire couronne ses efforts. Au reste, il n'a que ce fier ennemi; tous les autres oiseaux de guerre le respectent, et il est en paix avec toute la nature : il vit en ami plutôt qu'en roi au milieu des nombreuses peuplades des oiseaux aquatiques, qui toutes semblent se ranger sous sa loi; il n'est que le chef, le premier habitant d'une république tranquille, où les citoyens n'ont rien à craindre d'un maître qui ne demande qu'autant qu'il leur accorde, et ne veut que calme et liberté.

Les grâces de la figure, la beauté de la forme, répondent dans le cygne à la douceur du naturel; il plaît à tous les yeux; il décore, embellit tous les lieux qu'il fréquente; on l'aime, on l'applaudit, on l'admire. Nulle espèce ne le mérite mieux : la nature en effet n'a répandu sur aucune autant de ces grâces nobles et douces qui nous rappellent l'idée de ses plus charmans ouvrages ; coupe de corps élégante, formes arrondies, gracieux contours, blancheur éclatante et pure, mouvemens flexibles et ressentis ; attitudes tantôt animées, tantôt laissées dans un mol abandon....

A sa noble aisance, à la facilité, la liberté de ses mouvemens sur l'eau, on doit le reconnaître non-seulement comme le premier des navigateurs ailés, mais comme le plus beau modèle que la nature nous ait offert pour l'art de la navigation. Son cou élevé, et sa poitrine relevée et arrondie, semblent en effet figurer la proue du navire fendant l'onde ; son large estomac en représente la carène ; son corps penché en avant pour cingler se redresse à l'arrière et se relève en poupe ; la queue est un vrai gouvernail ; les pieds sont de larges rames, et ses grandes ailes, demi-ouvertes au vent et doucement enflées, sont les voiles qui poussent le vaisseau vivant, navire et pilote à la fois.

Fier de sa noblesse, jaloux de sa beauté,

le cygne semble faire parade de tous ses avantages; il a l'air de chercher à recueillir des
suffrages, à captiver les regards; et il les cap-
tive en effet, soit que, voguant en troupe, on
voie de loin, au milieu des grandes eaux, cingler la flotte ailée, soit que s'en détachant et
s'approchant du rivage aux signaux qui l'appellent, il vienne se faire admirer de plus près
en étalant ses beautés, et développant ses
grâces par mille mouvemens doux, ondulans
et suaves.

Aux avantages de la nature, le cygne réunit
ceux de la liberté; il n'est pas du nombre de
ces esclaves que nous puissions contraindre ou
renfermer : libre sur nos eaux, il n'y séjourne,
ne s'établit qu'en y jouissant d'assez d'indépendance pour exclure tout sentiment de servitude et de captivité; il veut à son gré parcourir les eaux, débarquer au rivage, s'éloigner au large, ou venir, longeant la rive,
s'abriter sous les bords, se cacher dans les
joncs, s'enfoncer dans les anses les plus écar-
tées : puis, quittant sa solitude, revenir à la
société, et jouir du plaisir qu'il paraît prendre
et goûter en s'approchant de l'homme, pourvu

qu'il trouve en nous ses hôtes et ses amis, et non ses maîtres et ses tyrans.

Chez nos ancêtres, trop simples ou trop sages pour remplir leurs jardins des beautés froides de l'art, en place des beautés vives de la nature, les cygnes étaient en possession de faire l'ornement de toutes les pièces d'eau ; ils animaient, égayaient les tristes fossés des châteaux : ils décoraient la plupart des rivières, et même celle de la capitale.

Les anciens ne s'étaient pas contentés de faire du cygne un chantre merveilleux ; seul entre tous les êtres qui frémissent à l'aspect de leur destruction, il chantait encore au moment de son agonie, et préludait par des sons harmonieux à son dernier soupir. C'était, disaient-ils, près d'expirer, et faisant à la vie un adieu triste et tendre, que le cygne rendait ces accens si doux et si touchans, et qui, pareils à un léger et douloureux murmure, d'une voix basse, plaintive et lugubre, formaient son chant funèbre. On entendait ce chant lorsqu'au lever de l'aurore, les vents et les flots étaient calmés ; on avait même vu des cygnes expirant en musique et chantant

leurs hymnes funéraires. Nulle fiction en histoire naturelle, nulle fable chez les anciens,
n'a été plus célébrée, plus répétée, plus ac-
créditée; elle s'était emparée de l'imagination
vive et sensible des Grecs : poëtes, orateurs,
philosophes même, l'ont adoptée comme une
vérité trop agréable pour vouloir en douter.
Il faut bien leur pardonner leurs fables; elles
étaient aimables et touchantes; elles valaient
bien de tristes, d'arides vérités, c'étaient de
doux emblèmes pour les âmes sensibles. Les
cygnes, sans doute, ne chantent point leur
mort ; mais toujours, en parlant du dernier
essor et des derniers élans d'un beau génie
prêt à s'éteindre, on rappellera avec sentiment cette expression touchante : *C'est le
chant du cygne!*　　　　　*Buffon.*

MÊME SUJET.

Le cygne, toujours beau, soit qu'il vienne au rivage,
Certain de ses attraits, s'offrir à notre hommage ;
Soit que, de nos vaisseaux le modèle achevé,
Se rabaissant en proue, en poupe relevé,
L'estomac pour carène, et de sa queue agile
Mouvant le gouvernail, en timonier habile,

Les pieds pour avirons, pour flotte ces oiseaux
Qui se pressent en foule autour du roi des eaux ;
Pour voile enfin, son aile au gré des vents enflée,
Fier, il vole au milieu de son escadre ailée.
Mais quand son feu l'atteint dans l'humide séjour,
De quel charme nouveau vient l'embellir l'amour !
Que de folâtres jeux, que d'aimables caresses !
Doux et passionné dans ses vives tendresses,
Déployant mollement son plumage amoureux,
De quel air caressant pour l'objet de ses feux,
Il prouve aux flots émus, par son ardeur féconde,
Que la mère d'amour est la fille de l'onde :
Et de son corps, choisi pour plaire à deux beaux yeux,
Justifié, en aimant, le monarque des dieux !
La fable de sa voix a vanté la merveille ;
L'œil enchanté sans doute avait séduit l'oreille.
Et qu'avait-il besoin de ce titre emprunté ?
Lui seul réunit tout, force, grâce, fierté ;
Il habite à son choix, les airs, l'onde et la terre
Modéré dans la paix, valeureux dans la guerre.
Terrible, impétueux, il fond sur ses rivaux ;
Leur choc trouble les airs, il agite les eaux :
Tel Antoine jadis, sur les plaines de l'onde,
Disputait Cléopâtre et l'empire du monde.

Delille.

DRAGON.

A ce nom de dragon, l'on conçoit toujours une idée extraordinaire. La mémoire rappelle, avec promptitude, tout ce qu'on a lu, tout ce qu'on a ouï dire sur ce monstre fameux ; l'imagination s'enflamme par le souvenir des grandes images qu'il a présentées au génie poétique : une sorte de frayeur saisit les cœurs timides, et la curiosité s'empare de tous les esprits. Les anciens, les modernes ont tous parlé du dragon : consacré par la religion des premiers peuples, devenu l'objet de leur mythologie, ministre des volontés des dieux, gardien de leurs trésors, servant leur amour et leur haine, soumis au pouvoir des enchanteurs, vaincu par les demi-dieux du temps antique, entrant même dans les allégories sacrées du plus saint des recueils, il a été chanté par les premiers poëtes, et représenté avec toutes les couleurs qui pouvaient en embellir l'image : principal ornement des fables pieuses, imaginées dans des temps plus récens ; dompté par les héros, et même par les jeunes héroïnes qui combattaient pour une loi divine; adopté par une seconde mythologie qui plaça les fées sur le trône des anciennes enchanteresses; devenu l'emblème des actions éclatantes des vaillans chevaliers, il a vivifié la poésie moderne, ainsi qu'il avait animé l'ancienne.

Proclamé par la voix sévère de l'histoire, partout décrit, partout célébré, partout redouté, montré sous toutes les formes, toujours revêtu de la plus grande puissance, immolant ses victimes par son regard, se transportant au milieu des nuées avec la rapidité de l'éclair, frappant comme la foudre, dissipant l'obscurité des nuits par l'éclat de ses yeux étincelans, réunissant l'agilité de l'aigle, la force du lion, la grandeur du serpent, présentant même quelquefois une figure humaine, doué d'une intelligence presque divine, et adoré de nos jours dans de grands empires de l'Orient, le dragon a été tout, il s'est trouvé partout, hors dans la nature.

Il vivra cependant toujours, cet être fabuleux, dans les heureux produits d'une imagination féconde. Il embellira long-temps les images hardies d'une poésie enchanteresse ; le récit de sa puissance merveilleuse charmera les loisirs de ceux qui ont besoin d'être quelquefois transportés au milieu des chimères, et qui désirent de voir la vérité parée des ornemens d'une fiction agréable. Mais, à la place de cet être fantastique, que trouvons-nous dans la réalité? Un animal aussi petit que faible, un lézard innocent et tranquille, un des moins armés de tous les quadrupèdes ovipares, et qui, par une conformation particulière, a la facilité de se transporter avec agilité, et de voltiger de branche en branche dans les forêts qu'il habite. Les espèces d'ailes dont il a été pourvu, son corps de lézard, et tous ses rapports avec les serpens, ont fait trouver quelque sorte de ressemblance éloignée entre ce petit animal et le monstre imaginaire dont nous avons parlé, et lui ont fait donner le nom de dragon par les naturalistes.

Lacépède.

EAU. — *Voyez* **MER.**

ÉCUREUIL.

L'ÉCUREUIL est un joli petit animal qui n'est qu'à demi sauvage, et qui, par sa gentillesse, par sa docilité, par l'innocence même de ses mœurs, mériterait d'être épargné; il n'est ni carnassier, ni nuisible, quoiqu'il saisisse quelquefois des oiseaux; sa nourriture ordinaire sont des fruits, des amandes, des noisettes, de la faîne et du gland; il est propre, leste, vif, très-alerte, très-éveillé, très-industrieux; il a les yeux pleins de feu, la physionomie fine, le corps nerveux, les membres très-dispos : sa jolie figure est encore rehaussée, parée, par une belle queue en forme de panache, qui relève jusque dessus sa tête, et sous laquelle il se met à l'ombre; il est, pour ainsi dire, moins quadrupède que les autres; il se tient ordinairement assis presque debout, et se sert de ses pieds de devant, comme d'une main, pour porter à sa bouche; au lieu de se cacher sous terre, il est toujours en l'air; il approche des oiseaux par sa légèreté; il demeure comme eux sur la cime des arbres, parcourt les forêts en sautant de l'un à l'autre, y fait son nid, cueille les graines, boit la rosée, et ne descend à terre que quand les arbres sont agités par la violence des vents. On ne le trouve point dans les champs, dans les lieux découverts, dans les pays de plaine; il n'approche jamais des habitations, il ne reste point dans les taillis, mais dans les bois de hauteur, sur les vieux arbres des plus belles futaies. Il craint l'eau plus encore que la terre, et l'on assure que, lorsqu'il faut la passer, il se sert d'une écorce pour vaisseau, et de sa queue pour voiles et pour gouvernail. Il ne s'engourdit pas comme le loir pendant l'hiver, il est en tout temps très-éveillé; et pour peu que l'on touche au pied de l'arbre sur lequel il repose, il sort de sa petite bauge, fuit sur un autre arbre, ou se cache à l'abri d'une branche. Il ramasse des noisettes pendant l'été, en remplit les troncs, les fentes d'un vieux arbre, et a recours en hiver à sa provision; il les cherche aussi sous la neige, qu'il détourne en grattant. Il a la voix éclatante, et plus perçante encore que celle de la fouine; il a de plus un murmure à bouche fermée, un petit grognement de mécontentement qu'il fait entendre toutes les fois qu'on l'irrite. Il est trop léger pour marcher; il va ordinairement par petits sauts, et quelquefois par bonds; il a les ongles si pointus et les mouvemens si prompts, qu'il grimpe en un instant sur un hêtre dont l'écorce est fort lisse.

On entend les écureuils, pendant les belles nuits d'été, crier en courant sur les arbres les uns après les autres; ils semblent craindre l'ardeur du soleil; ils demeurent pendant le jour à l'abri dans leur domicile, dont ils sortent le soir pour s'exercer, jouer, courir et manger; ce domicile est propre, chaud, et impénétrable à la pluie; c'est ordinairement sur l'enfourchure d'un arbre qu'ils l'établissent : ils commencent par transporter des buchettes qu'ils mêlent, qu'ils entrelassent, avec de la mousse, ils la serrent ensuite, ils la foulent, et donnent assez de capacité et de solidité à leur ouvrage, pour y être à l'aise et en sûreté avec leurs petits; il n'y a qu'une ouverture vers le haut, juste, étroite, et qui suffit à peine pour passer; au-dessus de l'ouverture, est une espèce de couvert en cône

qui met le tout à l'abri, et fait que la pluie
s'écoule par les côtés, et ne pénètre pas. Ils
muent au sortir de l'hiver, le poil nouveau
est plus roux que celui qui tombe. Ils se peignent, ils se polissent avec les mains et les
dents; ils sont propres, ils n'ont aucune mauvaise odeur; leur chair est assez bonne à
manger. Le poil de la queue sert à faire des
pinceaux; mais leur peau ne fait pas une bonne
fourrure. *Buffon.*

ÉLÉPHANT.

L'ÉLÉPHANT est, si nous voulons ne nous pas
compter, l'être le plus considérable de ce
monde; il surpasse tous les animaux terrestres en grandeur, et il approche de l'homme,
par l'intelligence, autant au moins que la matière peut approcher de l'esprit. L'éléphant,
le chien, le castor et le singe sont, de tous les
êtres animés, ceux dont l'instinct est le plus
admirable : mais cet instinct, qui n'est que le
produit de toutes les facultés, tant intérieures
qu'extérieures, de l'animal, se manifeste par
des résultats bien différens dans chacune de

ces espèces. Le chien est naturellement, et lorsqu'il est livré à lui seul, aussi cruel, aussi sanguinaire que le loup; seulement il s'est trouvé dans cette nature féroce un point flexible, sur lequel nous avons appuyé; le naturel du chien ne diffère donc de celui des animaux de proie que par ce point sensible, qui le rend susceptible d'affection et capable d'attachement; c'est de la nature qu'il tient le germe de ce sentiment, que l'homme ensuite a cultivé, nourri, développé, par une ancienne et constante société avec cet animal, qui seul en était digne; qui, plus susceptible, plus capable qu'un autre des impressions étrangères, a perfectionné dans le commerce toutes ses facultés relatives. Sa sensibilité, sa docilité, son courage, ses talens, tout, jusqu'à ses manières, s'est modifié par l'exemple, et modelé sur les qualités de son maître : l'on ne doit donc pas lui accorder en propre tout ce qu'il paraît avoir; ses qualités les plus relevées, les plus frappantes, sont empruntées de nous; il a plus d'acquis que les autres animaux, parce qu'il est plus à portée d'acquérir; que loin d'avoir comme eux de la répugnance pour l'homme, il a pour lui du penchant ; que ce sentiment doux, qui n'est jamais muet, s'est annoncé par l'envie de plaire, et a produit la docilité, la fidélité, la soumission constante, et en même temps le degré d'attention nécessaire pour agir en conséquence et toujours obéir à propos.

Le singe est indocile autant qu'extravagant ; sa nature est en tout point également revêche ; nulle sensibilité relative, nulle reconnaissance des bons traitemens, nulle mémoire des bienfaits : de l'éloignement pour la société de l'homme, de l'horreur pour la contrainte, du penchant à toute espèce de mal, ou, pour mieux dire, une forte propension à faire tout ce qui peut nuire ou déplaire. Mais ces défauts réels sont compensés par des perfections apparentes ; il est extérieurement conformé comme l'homme ; il a des bras, des mains, des doigts ; l'usage seul de ces parties le rend supérieur pour l'adresse aux autres animaux, et les rapports qu'elles lui donnent avec nous par la similitude des mouvemens et par la conformité des actions, nous plaisent, nous déçoivent, et nous font attribuer à des qualités intérieures ce qui ne dépend que de la forme des membres.

Le castor, qui paraît être fort au-dessous du chien et du singe par les facultés individuelles, a cependant reçu de la nature un don presque équivalent à celui de la parole; il se fait entendre à ceux de son espèce, et si bien entendre, qu'ils se réunissent en société, qu'ils agissent de concert, qu'ils entreprennent et exécutent de grands et longs travaux en commun; et cet amour social, aussi-bien que le produit de leur intelligence réciproque, ont plus de droit à notre admiration que l'adresse du singe et la fidélité du chien.

Le chien n'a donc que de l'esprit (qu'on me permette, faute de termes, de profaner ce nom); le chien, dis-je, n'a donc que de l'esprit d'emprunt, le singe n'en a que l'apparence, et le castor n'a du sens que pour lui seul et les siens. L'éléphant leur est supérieur à tous trois; il réunit leurs qualités les plus éminentes. La main est le principal organe de l'adresse du singe; l'éléphant, au moyen de sa trompe, qui lui sert de bras et de main, et avec laquelle il peut enlever et saisir les plus petites choses comme les plus grandes, les porter à sa bouche, les poser sur son dos, les tenir embrassées, ou les lancer au loin, a donc le même moyen d'adresse que le singe, et en même temps il a la docilité du chien; il est comme lui susceptible de reconnaissance, et capable d'un fort attachement; il s'accoutume aisément à l'homme, se soumet moins par la force que par les bons traitemens, le sert avec zèle, avec fidélité, avec intelligence, etc. Enfin l'éléphant, comme le castor, aime la société de ses semblables, il s'en fait entendre; on les voit souvent se rassembler, se disperser, agir de concert, et s'ils n'édifient rien, s'ils ne travaillent point en commun, ce n'est peut-être que faute d'assez d'espace et de tranquillité : car les hommes se sont très-anciennement multipliés dans toutes les terres qu'habite l'éléphant : il vit donc dans l'inquiétude, et n'est nulle part paisible possesseur d'un espace assez grand, assez libre pour s'y établir à demeure. Nous avons vu qu'il faut toutes ces conditions et tous ces avantages pour que les talens du castor se manifestent, et que partout où les hommes se sont habitués, il perd son industrie et cesse d'édifier. Chaque être dans la nature a son prix réel et sa valeur relative; si l'on veut juger au juste de l'un et de l'autre dans l'éléphant, il faut lui accorder au moins l'intelligence du castor, l'adresse du singe, le sentiment du chien, et y ajouter ensuite les avantages particuliers, uniques, de la force, de la grandeur, et de la longue durée de la vie; il ne faut pas oublier ses armes ou ses défenses, avec lesquelles il peut percer et vaincre le lion; il faut se représenter que sous ses pas il ébranle la terre; que de sa main il arrache les arbres; que d'un coup de son corps il fait brèche dans un mur; que, terrible par la force, il est encore invincible par la seule résistance de sa masse, par l'épaisseur du cuir qui la couvre; qu'il peut porter sur son dos une tour armée en guerre et chargée de plusieurs hommes; que seul il fait mouvoir des machines, et transporte des fardeaux que six chevaux ne pourraient remuer; qu'à cette force prodigieuse il joint encore le courage, la prudence, le sang-froid, l'obéissance exacte; qu'il conserve de la modération, même dans ses passions les plus vives;

que dans la colère il ne méconnaît pas ses amis; qu'il n'attaque jamais que ceux qui l'ont offensé; qu'il se souvient des bienfaits aussi long-temps que des injures; que, n'ayant nul goût pour la chair, et ne se nourrissant que de végétaux, il n'est pas né l'ennemi des autres animaux; qu'enfin il est aimé de tous, puisque tous le respectent, et n'ont nulle raison de le craindre.

Dans l'état de sauvage, l'éléphant n'est ni sanguinaire, ni féroce; il est d'un naturel doux, et jamais il ne fait abus de ses armes ou de sa force; il ne les emploie, il ne les exerce que pour se défendre lui-même ou pour protéger ses semblables; il a les mœurs sociales : on le voit rarement errant ou solitaire; il marche ordinairement de compagnie; le plus âgé conduit la troupe, le second d'âge la fait aller et marche le dernier; les jeunes et les faibles sont au milieu des autres; les mères portent leurs petits et les tiennent embrassés de leur trompe; ils ne gardent cet ordre que dans les marches périlleuses, lorsqu'ils vont paître sur des terres cultivées; ils se promènent ou voyagent avec moins de précaution dans les forêts et dans les solitudes, sans cependant se séparer absolument, ni même s'écarter assez loin pour être hors de portée des secours et des avertissemens ; il y en a néanmoins quelques-uns qui s'égarent ou qui traînent après les autres, et ce sont les seuls que les chasseurs osent attaquer; car il faudrait une petite armée pour assaillir la troupe entière, et l'on ne pourrait la vaincre sans perdre beaucoup de monde; il serait même dangereux de leur faire la moindre injure, ils vont droit à l'offenseur, et quoique la masse de leur corps soit très-pesante, leur pas est si grand, qu'ils atteignent aisément l'homme le plus léger à la course, ils le percent de leurs défenses ou le saisissent avec la trompe, le lancent même comme une pierre, et achèvent de le tuer en le foulant aux pieds; mais ce n'est que lorsqu'ils sont provoqués qu'ils font ainsi main-basse sur les hommes, ils ne font aucun mal à ceux qui ne les cherchent pas; cependant, comme ils sont susceptibles et délicats sur le fait des injures, il est bon d'éviter leur rencontre; et les voyageurs qui fréquentent leur pays allument de grands feux la nuit, et battent de la caisse pour les empêcher d'approcher. On prétend que, lorsqu'ils ont une fois été attaqués par les hommes, ou qu'ils sont tombés dans quelque embûche, ils ne l'oublient jamais, et qu'ils cherchent à se venger en toute occasion. Comme ils ont l'odorat excellent, et peut-être plus parfait qu'aucun des animaux, à cause de la grande étendue de leur nez, l'odeur de l'homme les frappe de très-loin; ils pourraient aisément le suivre à la piste; les anciens ont écrit que les éléphans arrachent l'herbe des endroits où le chasseur a passé, et qu'ils se la donnent de main en main, pour que tous soient informés du passage et de la marche de l'ennemi. Ces animaux aiment le bord des fleuves, les profondes vallées, les lieux ombragés et les terrains humides; ils ne peuvent se passer d'eau, et la troublent avant que de la boire; ils en remplissent souvent leur trompe, soit pour la porter à leur bouche, ou seulement pour se rafraîchir le nez, et s'amuser en la répandant à flots, ou l'aspergeant à la ronde : ils ne peuvent supporter le froid, et souffrent aussi de l'excès de la chaleur; car, pour éviter la trop grande ardeur du soleil, ils s'enfoncent autant qu'ils peuvent dans la profondeur des forêts les plus sombres; ils se mettent aussi assez souvent dans l'eau; le volume énorme de leur corps leur nuit moins qu'il ne leur aide à nager; ils enfoncent moins dans l'eau que les autres animaux, et d'ailleurs la longueur de leur trompe qu'ils redressent en haut, et par laquelle ils respirent, leur ôte toute crainte d'être submergés.

Leurs alimens ordinaires sont des racines, des herbes, des feuilles et du bois tendre; ils mangent aussi des fruits et des grains; mais ils dédaignent la chair et le poisson. Lorsque l'un d'entre eux trouve quelque part un pâturage abondant, il appelle les autres, et les invite à venir manger avec lui. Comme il leur faut une grande quantité de fourrage, ils changent souvent de lieu; et lorsqu'ils arrivent à des terres ensemencées, ils y font un dégât prodigieux; leur corps étant d'un poids énorme, ils écachent et détruisent dix fois plus de plantes avec leurs pieds qu'ils n'en consomment pour leur nourriture, laquelle peut monter à cent cinquante livres d'herbe par jour ; n'arrivant jamais qu'en nombre, ils dévastent donc une campagne en une heure. Aussi les Indiens et les Nègres cherchent tous les moyens de prévenir leur visite et de les détourner, en faisant de grands bruits, de grands feux autour de leurs terres cultivées ; souvent, malgré ces précautions, les éléphans viennent s'en emparer, en chassent le bétail domestique, font fuir les hommes, et quelquefois renversent de fond en comble leurs minces habitations. Il est difficile de les épouvanter, et ils ne sont guère susceptibles de crainte : la seule chose qui les surprenne et puisse les arrêter, sont les feux d'artifice, les petards qu'on leur lance, et dont l'effet subit et promptement renouvelé les saisit, et leur fait quelquefois rebrousser chemin. On vient très-rarement à bout de les séparer les uns des autres, car ordinairement ils prennent tous ensemble le même parti d'attaquer, de passer indifféremment, ou de fuir.

Maintenant examinons en détail les facultés de l'individu, les sens, les mouvemens, la grandeur, la force, l'adresse, l'intelligence, etc. L'éléphant a les yeux très-petits relativement au volume de son corps, mais ils sont brillans et spirituels; et ce qui les distingue de ceux de tous les autres animaux, c'est l'expression pathétique du sentiment et la conduite presque réfléchie de tous leurs mouvemens; il les tourne lentement et avec douceur vers son maître; il a pour lui le regard de l'amitié, celui de l'attention lorsqu'il parle, le coup d'œil de l'intelligence quand il l'a écouté, celui de la pénétration lorsqu'il veut le prévenir; il semble réfléchir, délibérer, penser, et ne se déterminer qu'après avoir examiné et regardé à plusieurs fois et sans précipitation, sans passion, les signes auxquels il doit obéir. Les chiens, dont les yeux ont beaucoup d'expression, sont des animaux trop vifs pour qu'on puisse distinguer aisément les nuances successives de leurs sensations; mais comme l'éléphant est naturellement grave et modéré, on lit pour ainsi dire dans ses yeux, dont les mouvemens se succèdent lentement, l'ordre et la suite de ses affections intérieures.

Il a l'ouïe très-bonne, et cet organe est, à l'extérieur, comme celui de l'odorat, plus marqué dans l'éléphant que dans aucun autre

animal ; ses oreilles sont très-grandes, beaucoup plus longues, même à proportion du
corps, que celles de l'âne, et aplaties contre
la tête comme celles de l'homme : elles sont
ordinairement pendantes ; mais il les relève
et les remue avec une grande facilité ; elles
lui servent à essuyer ses yeux, à les préserver
de l'incommodité de la poussière et des mouches. Il se délecte au son des instrumens, et
paraît aimer la musique ; il apprend aisément
à marquer la mesure, à se remuer en cadence,
et à joindre à propos quelques accens au bruit
des tambours et au son des trompettes. Son
odorat est exquis, et il aime avec passion les
parfums de toute espèce, et surtout les fleurs
odorantes ; il les choisit, il les cueille une à
une, il en fait des bouquets, et après en avoir
savouré l'odeur, il les porte à sa bouche, et
semble les goûter ; la fleur d'orange est un
de ses mets les plus délicieux ; il dépouille
avec sa trompe un oranger de toute sa verdure, et en mange les fruits, les fleurs, les
feuilles, et jusqu'au jeune bois. Il choisit
dans les prairies les plantes odoriférantes, et
dans les bois il préfère les cocotiers, les bana-

niers, les palmiers, les sagous : et, comme ces arbres sont moëlleux et tendres, il en mange non-seulement les feuilles et les fruits, mais même les branches, le tronc et les racines; car quand il ne peut arracher ces arbres avec sa trompe, il les déracine avec ses défenses.

A l'égard du sens du toucher, il ne l'a pour ainsi dire que dans la trompe; mais il est aussi délicat, aussi distinct dans cette espèce de main que dans celle de l'homme. Cette trompe, composée de membranes, de nerfs et de muscles, est en même temps un membre capable de mouvement et un organe de sentiment; l'animal peut non-seulement la remuer, la fléchir, mais il peut la raccourcir, l'allonger, la courber, et la tourner en tout sens; l'extrémité de la trompe est terminée par un rebord qui s'allonge par le dessus en forme de doigt; c'est par le moyen de ce rebord et de cette espèce de doigt que l'éléphant fait tout ce que nous faisons avec les doigts; il ramasse à terre les plus petites pièces de monnaie; il cueille les herbes et les fleurs en les choisissant une à une, il dénoue les cordes, ouvre et ferme les portes en tournant les clefs et poussant les verroux ; il apprend à tracer des caractères réguliers avec un instrument aussi petit qu'une plume. On ne peut même disconvenir que cette main de l'éléphant n'ait plusieurs avantages sur la nôtre : elle est d'abord, comme on vient de le voir, également flexible, et tout aussi adroite pour saisir, palper en gros, et toucher en détail. Toutes ces opérations se font par le moyen de l'appendice en manière de doigt situé à la partie supérieure du rebord qui environne l'extrémité de la trompe, et laisse dans le milieu une concavité faite en forme de tasse, au fond de laquelle se trouvent les deux orifices des conduits communs de l'odorat et de la respiration. L'éléphant a donc le nez dans la main, et il est le maître de joindre la puissance de ses poumons à l'action de ses doigts, et d'attirer par une forte succion les liquides, ou d'enlever des corps solides très-pesans en appliquant à leur surface le rebord de sa trompe, et faisant un vide au-dedans par aspiration.

La délicatesse du toucher, la finesse de l'odorat, la facilité du mouvement, et la

puissance de succion, se trouvent donc à l'extrémité du nez de l'éléphant. De tous les
instrumens dont la nature a si libéralement
muni ses productions chéries, la trompe
est peut-être le plus complet et le plus admirable ; c'est non-seulement un instrument
organique, mais un triple sens, dont les fonctions réunies et combinées sont en même temps
la cause, et produisent les effets de cette
intelligence et de ces facultés qui distinguent
l'éléphant, et l'élèvent au-dessus de tous les
animaux Il est moins sujet qu'aucun autre
aux erreurs du sens de la vue, parce qu'il les
rectifie promptement par le sens du toucher ;
et que, se servant de sa trompe comme d'un
long bras pour toucher les corps au loin, il
prend, comme nous, des idées nettes de la
distance par ce moyen ; au lieu que les autres
animaux (à l'exception du singe et de quelques
autres, qui ont des espèces de bras et de
mains) ne peuvent acquérir ces mêmes idées
qu'en parcourant l'espace avec leur corps. Le
toucher est de tous les sens celui qui est le
plus relatif à la connaissance ; la délicatesse
du toucher donne l'idée de la substance des

corps, la flexibilité dans les parties de cet organe donne l'idée de leur forme extérieure, la puissance de succion celle de leur pesanteur, l'odorat celle de leurs qualités, et la longueur du bras celle de leur distance : ainsi, par un seul et même membre, et pour ainsi dire par un acte unique ou simultané, l'éléphant sent, aperçoit, et juge plusieurs choses à la fois ; or, une sensation multiple équivaut en quelque sorte à la réflexion : donc, quoique cet animal soit, ainsi que tous les autres, privé de la puissance de réfléchir, comme ses sensations se trouvent combinées dans l'organe même, qu'elles sont contemporaines, et pour ainsi dire indivises les unes avec les autres, il n'est pas étonnant qu'il ait de lui-même des espèces d'idées, et qu'il acquière en peu de temps celles qu'on veut lui transmettre. La réminiscence doit être ici plus parfaite que dans aucune autre espèce d'animal, car la mémoire tient beaucoup aux circonstances des actes, et toute sensation isolée, quoique très-vive, ne laisse aucune trace distincte ni durable ; mais plusieurs sensations combinées et comtemporaines font des impressions profondes et des empreintes étendues ; en sorte que, si l'éléphant ne peut se rappeler une idée par le seul toucher, les sensations voisines et accessoires de l'odorat et de la force de succion, qui ont agi en même temps que le toucher, lui aident à s'en rappeler le souvenir ; dans nous-mêmes, la meilleure manière de rendre la mémoire fidèle est de se servir successivement de tous nos sens pour considérer un objet ; et c'est faute de cet usage combiné des sens que l'homme oublie plus de choses qu'il n'en retient. *Buffon.*

MANIÈRE DE PRENDRE
LES ÉLÉPHANS.

Dans l'Inde, pour prendre des éléphans, le chasseur en monte un déjà privé ; et quand il rencontre un éléphant sauvage qui s'est écarté de la troupe, il le poursuit et le frappe jusqu'à ce qu'il l'ait outré de fatigue : alors il monte de l'un sur l'autre, et rend celui-ci aussi souple que le premier. En Afrique on creuse des fossés, où l'on attend que quelqu'un de ces animaux vienne à tomber. Cependant, si les autres s'aperçoivent de l'accident, ils s'empressent de jeter des branches dans la fosse, d'y rouler de grosses masses, et de la combler de terre; en un mot, ils n'oublient rien pour retirer leur camarade. Anciennement la chasse des éléphans se faisait par des gens qui poussaient la troupe jusque dans un chemin préparé exprès, en forme d'un long défilé sans issue. Les éléphans s'y trouvaient renfermés par des rivages et des fossés; et une fois amenés là, on les domptait par la faim. On connaissait qu'on en était venu à bout, quand une branche d'arbre, qu'on leur présentait à manger, était acceptée de bonne grâce. Aujourd'hui, qu'on n'en veut qu'à leurs dents, on s'attache à leur darder les pieds, qu'ils ont d'ailleurs tendres et délicats. Les Troglodytes, voisins de l'Éthiopie, qui ne vivent que de la chasse de ces animaux, grimpent sur les arbres le long des chemins par où la troupe a coutume de passer. Ils épient celui qui passe le dernier, lui sautent sur la croupe, saisissent la queue avec la main gauche, appuient les pieds sur la cuisse gauche de l'animal, lui coupent (ainsi suspendus) un

jarret de la main droite, avec une hache
extrêmement tranchante, sautent en bas pour
s'enfuir quand il a une jambe estropiée, et en
se sauvant lui coupent encore l'autre jarret,
le tout avec une agilité et une promptitude
surprenante. D'autres chasseurs emploient
une méthode moins périlleuse, à la vérité,
mais aussi d'une réussite bien moins certaine :
c'est de les attaquer de loin, au moyen d'arcs
tendus et d'une longueur démesurée, le sommet de ces arcs tient à un long pieu enfoncé
en terre; ils sont d'ailleurs fermement tenus
et assujettis par les efforts réunis de jeunes
gens des plus vigoureux, tandis que d'autres,
avec des efforts non moins surprenans, ban-
dent ces arcs prodigieux et ramènent à eux
la corde. Par ce moyen on décoche des pieux
de chasse, en guise de flèches, aux éléphans
qui passent par cette route; et du moment
qu'ils sont blessés, on les suit à la trace du
sang qu'ils répandent. Les éléphans femelles
sont beaucoup plus timides que les mâles.

Pline.

MANIÈRE DE DOMPTER
LES ÉLÉPHANS.

Quand ils sont furieux, on emploie les coups et la faim pour les réduire ; et l'on a soin de les attacher à des éléphans apprivoisés, qui les tiennent à la chaîne et les empêchent d'exercer leur fougue. Le temps où ils sont en amour est surtout celui où ils entrent en fureur. Ils renversent alors, avec leurs défenses, les étables ; on les empêche donc de s'accoupler, en tenant à part les femelles, qu'on gouverne aussi aisément que nous faisons de nos bestiaux. Quand les mâles sont domptés, on les dresse pour la guerre, et on les habitue à porter des tours chargées de combattans pour aller à l'ennemi. Ils décident du succès dans la plupart des guerres de l'Orient, mettant le désordre dans les armées, et foulant aux pieds les soldats ; cependant le plus petit cri d'un pourceau les effraie, et une fois épouvantés, ils retournent obstinément sur leurs pas ; alors l'armée dans laquelle ils servent a autant à souffrir d'eux qu'aurait pu faire l'ennemi. Les éléphans d'Afrique redoutent ceux

de l'Inde; ils n'osent les regarder en face : ceux
de cette région sont en effet d'une plus grande
taille. *Pline.*

MÊME SUJET.

Ainsi que la raison l'instinct a ses degrés :
S'il faut que de nos sens les rapports assurés
Nous peignent les objets que notre instinct compare,
Plus ces rapports sont sûrs, et moins l'instinct s'égare.
Si donc respire un être en qui les dieux puissans
Aient dans un seul organe associé trois sens,
Dont la flexible main, de ces trois sens pourvue,
Corrigeant par le tact les erreurs de la vue,
Des qualités des corps habile à s'assurer,
Puisse à la fois sentir, et sucer, et flairer;
Qui, toujours redoutable, et souvent caressante,
Tantôt renverse tout par sa force puissante;
Tantôt avec plaisir, savourant les odeurs,
Ainsi qu'un doigt léger sache cueillir des fleurs;
Reconnaisse l'enfant du conducteur qu'il pleure;
Enlève des fardeaux, ferme, ouvre sa demeure;
Et, roulant, déroulant ses replis tortueux,
Serve sa faim, sa soif, sa colère et ses jeux;
Enfin qui, dans un point, dans un instant, rassemble
Trois forces, trois effets, trois jugemens ensemble :
Le monde admirera ce pouvoir triomphant;
Et, puisqu'il n'est point l'homme, il sera l'éléphant,

L'admirable éléphant dont le colosse énorme
Cache un esprit si fin dans sa masse difforme ;
Que, pour son rare instinct dans un corps si grossier,
Presque pour ses vertus adore un peuple entier ;
L'éléphant, en un mot, qui sait si bien connaître
L'injure, le bienfait, ses tyrans et son maître.
  Chacun des animaux excelle dans son art :
Le fermier connaît trop les ruses du renard ;
Le cerf, ingénieux dans ses frayeurs extrêmes,
Varie en cent façons ses adroits stratagèmes ;
Et, des chiens égarés déconcertant l'ardeur,
De ses pas, en sautant, lui dérobe l'odeur.
Le lapin a sa ruse ; inspiré par la crainte,
Il se creuse avec art un savant labyrinthe :
Et, chassant en commun, dans son poste marqué,
Le loup sait se tenir prudemment embusqué :
Mais le noble éléphant ne voit rien qui l'égale.

Delille.

ÉTÉ.

La nuit ne luttait plus qu'avec des forces
inégales contre les feux dont le soleil, vers le
milieu du printemps, embrase la belle Auso-
nie. Une atmosphère de jeunesse et d'amour
était répandue sur toute la nature. Le désir,
la volupté, la vie, circulaient dans l'air. L'oiseau soucieux voltigeait, en battant des ailes,

autour du nid tissu par sa merveilleuse industrie, et qui bientôt devait recéler ses petits,
près de briser leur enveloppe fragile. Cependant le chêne altier n'offrait point encore une
barrière impénétrable aux brûlantes ardeurs
du midi. Toutes les fleurs de la saison n'é-
taient point écloses; celles qui appartiennent
aux derniers jours du printemps avaient seules
reçu, par leurs stigmates, cette poussière
mystérieuse, qui, s'élançant des anthères du
fleuron mâle, et portée sur l'aile du zéphyr,
va féconder l'amoureux pistil de la fleur; on
voyait même l'abeille dorée et le brillant papillon, chargés du précieux pollen, seconder,
en suçant le nectar des fleurs, les essais incer-
tains de l'amant léger de Flore. Enfin la nature n'avait pas encore achevé de développer
ses richesses, mais elle se montrait dans toute
sa grâce et sa fraîcheur première. Telle on
voit une jeune fille à peine adolescente, dont
la taille svelte et légère promet à l'hymen
mille trésors et les voluptés du ciel, tandis
que son joli visage offre encore quelques-uns
des traits à demi ébauchés de l'enfance.

Ch. Pougens.

FAUVETTE.

Le triste hiver, saison de mort, est le temps du sommeil, ou plutôt de la torpeur de la nature : les insectes sans vie, les reptiles sans mouvement, les végétaux sans verdure et sans accroissement, tous les habitans de l'air détruits ou relégués, ceux des eaux renfermés dans des prisons de glace, et la plupart des animaux terrestres confinés dans les cavernes, les antres et les terriers; tout nous présente les images de la langueur et de la dépopulation. Mais le retour des oiseaux au printemps est le premier signal et la douce annonce du réveil de la nature vivante; et les feuillages renaissans, et les bocages revêtus de leur nouvelle parure, sembleraient moins frais et moins touchans sans les nouveaux hôtes qui viennent les animer.

De ces hôtes des bois, les fauvettes sont les plus nombreuses, comme les plus aimables : vives, agiles, légères, et sans cesse remuées, tous leurs mouvemens ont l'air du sentiment, et tous leurs accens, le ton de la joie. Ces jolis oiseaux arrivent au moment où les arbres développent leurs feuilles et commencent à laisser épanouir leurs fleurs ; ils se dispersent dans toute l'étendue de nos campagnes : les uns viennent habiter nos jardins, d'autres préfèrent les avenues et les bosquets ; plusieurs espèces s'enfoncent dans les grands bois, et quelques-unes se cachent au milieu des roseaux. Ainsi les fauvettes remplissent tous les lieux de la terre, et les animent par les mouvemens et les accens de leur tendre gaieté.

A ce mérite des grâces naturelles nous voudrions réunir celui de la beauté ; mais en leur donnant tant de qualités aimables, la nature semble avoir oublié de parer leur plumage. Il est-obscur et terne : excepté deux ou trois espèces qui sont légèrement tachetées, toutes les autres n'ont que des teintes plus ou moins sombres de blanchâtre, de gris et de roussâtre.   *Buffon.*

FEUILLES.

La racine étant presque toujours dérobée aux regards, on peut dire que le feuillage donne seul un caractère à la plante. Il croît avec elle ; il la dirige dans les airs où il protége de son abri les tendres rameaux. Chargé de fonctions absorbantes et sécrétoires, il est à la fois le pourvoyeur et l'ornement de la tige à laquelle il communique son balancement onduleux. Aussi quelle prévoyance dans le bouton qui le contient !

Celui-ci, formé dans l'aisselle d'une feuille qui le nourrit et l'enveloppe de son pétiole, ne présente d'abord qu'un point presque imperceptible. Il croît graduellement et se montre d'une manière plus distincte aux approches de l'hiver, époque à laquelle les frimas lui enlèvent sa protectrice. Mais si ce secours lui manque, c'est qu'il est déjà pourvu des pellicules et des gommes sous lesquelles il peut braver impunément la rude saison. C'est donc dans cet espace étroit, que, pliés selon leurs formes, les divers feuillages attendent le printemps. A peine le soleil de mars a réchauffé la terre, qu'on les voit, de toutes parts, abandonner, déchirer, ou chasser les tuniques qui leur ont servi de berceau. Les arbres se coiffent de vertes chevelures sous lesquelles leurs fronts cannelés se rajeunissent. Variées dans leur port comme dans leurs teintes, elles se groupent, se divisent, s'étalent ou flottent avec grâce. Tantôt agréables pendentifs, elles s'arquent et retombent en guirlandes; tantôt moins modestes, elles s'élèvent à la manière de faisceaux, de gerbes ou d'obélisques. Ici c'est une flèche que l'on décoche; là c'est une touffe azurée qui se marie élégamment à l'horizon. Des feuilles innombrables se sont tout à coup étendues dans les airs, pareilles à l'épée qui sort du fourreau, à l'éventail que l'on déplisse, ou à la pièce d'étoffe que l'on déroule. Peu de jours viennent de s'écouler, et les bosquets se sont si bien enlacés, l'ombre s'est tellement épaissie, que l'on serait tenté de demander où donc avaient été mises en réserve ces riches et fraîches tentures, dont s'est paré dans un instant le séjour de la race humaine. *Kératry*.

8.

FLEURS.

Hatez-vous; vos jardins vous demandent des fleurs.
Fleurs charmantes ! par vous la nature est plus belle
Dans ses brillans travaux l'art vous prend pour modèle.
Simples tributs du cœur, vos dons sont chaque jour
Offerts par l'Amitié, hasardés par l'Amour.
D'embellir la beauté vous obtenez la gloire ,
Le laurier vous permet de parer la victoire ,
Plus d'un hameau vous donne en prix à la pudeur :
L'autel même, où de Dieu repose la grandeur,
Se parfume au printemps de vos douces offrandes ,
Et la religion sourit à vos guirlandes.
Mais c'est dans nos jardins qu'est votre heureux séjour
Filles de la rosée et de l'astre du jour,
Venez donc de nos champs décorer le théâtre.
    N'attendez pas pourtant qu'amateur idolâtre ,
Au lieu de vous jeter par touffes, par bouquets ,
J'aille de lits en lits , de parquets en parquets ,
De chaque fleur nouvelle attendre la naissance ,
Observer ses couleurs , épier leur nuance.
Je sais que dans Harlem plus d'un triste amateur
Au fond de ses jardins s'enferme avec sa fleur,
Pour voir sa renoncule avant l'aube s'éveille ,
D'une anémone unique adore la merveille ,
Ou , d'un rival heureux enviant le secret ,
Achète au poids de l'or les taches d'un œillet.

Laissez-lui sa manie et son amour bizarre ;
Qu'il possède en jaloux, et jouisse en avare.
  Sans obéir aux lois d'un art capricieux ,
Fleurs, parure des champs et délices des yeux ,
De vos riches couleurs venez peindre la terre.
Venez, mais n'allez pas dans les buis d'un parterre
Renfermer vos appas tristement relégués.
Que vos heureux trésors soient partout prodigués.
Tantôt de ces tapis émaillez la verdure .
Tantôt de ces sentiers égayez la bordure ,
Serpentez en guirlande , entourez ses berceaux ,
En méandres brillans courez au bord des eaux ,
Ou tapissez ces murs , ou dans cette corbeille
Du choix de vos parfums embarrassez l'abeille.
Que Rapin, vous suivant dans toutes les saisons ,
Décrive tous vos traits , rappelle tous vos noms :
A de si longs détails le Dieu du goût s'oppose.
Mais qui peut refuser un hommage à la rose ;
La rose , dont Vénus compose ses bosquets ,
Le Printemps sa guirlande, et l'Amour ses bouquets :
Qu'Anacréon chanta ; qui formait avec grâce
Dans les jours de festins la couronne d'Horace ?

Delille.

MÊME SUJET.

  Multipliez les fleurs , ornement du parterre ;
O ! si la fable encor venait charmer la terre ,
Ces fleurs reproduiraient, en s'animant pour nous ,

Et la jeune beauté qui mourut sans époux,
Et le guerrier qui tombe à la fleur de son âge,
Et l'imprudent jeune homme épris de son image.
Renais dans l'hyacinthe, enfant aimé d'un Dieu;
Narcisse, à ta beauté dis un dernier adieu;
Penche-toi sur les eaux pour l'admirer encore.
D'un éclat varié que l'œillet se décore!
Et toi qui te cachas, plus humble que tes sœurs,
Violette, à mes pieds verse au moins tes odeurs;
Que sous l'herbe, en tous lieux, ta pourpre se noirci[ss]
Et que la giroflée en montant s'épaississe!
Mariez le jasmin, le lilas, l'églantier,
Et surtout que la rose, embaumant ce sentier,
Brille comme le teint de la vierge ingénue,
Que fait rougir l'amour d'une flamme inconnue.
Ces trésors pour vous seuls ne doivent pas fleurir,
A la jeune bergère on aime à les offrir :
Elle rend un sourire. Hélas! belle Rosière,
D'autres, amis des mœurs, doteront ta chaumière;
Mes présens ne sont point une ferme, un troupeau,
Mais je puis d'une rose embellir ton chapeau.

O fleurs! en tous les temps égayez ma retraite;
Et, plus heureux que moi, puisse un autre poëte
Peindre sous des crayons frais comme vos couleurs,
Vos traits, vos doux instincts, vos sexes et vos mœurs!
L'amour, dont vos parfums enflamment le délire,
Souvent par vos bouquets étendit son empire.
O fleurs! qui tant de fois avez servi l'amour,

Votre sein virginal le ressent à son tour.
Oui, vous n'ignorez pas les humaines délices :
Vainement la pudeur, au fond de vos calices,
Cacha de vos plaisirs le charme clandestin ;
Les Zéphyrs précurseurs du soir et du matin,
Les Zéphyrs les ont vus, et leur voix fortunée
Raconte aux verts bosquets votre aimable hyménée.
Cependant si mon œil veut un jour de plus près
De vos lits amoureux surprendre les secrets,
J'irai dans ce jardin [1], où, calme et solitaire,
La Science à toute heure ouvre son sanctuaire.
Que de fois, en entrant dans ce séjour sacré,
J'ai cru revoir ce Dieu par l'Égypte adoré,
Ce Pan, qui du grand tout fut le visible emblème :
Sur les bords de la Seine il a porté lui-même,
Loin des rives du Nil, son culte et ses autels,
Et ses prêtres savans, bienfaiteurs des mortels.
Là, je vois rassemblés, sous sa garde féconde,
Tous les germes ravis aux quatre parts du monde.
Quels riches entretiens ! tour à tour entraîné
De l'éloquent Buffon à ce docte Linné,
J'entendrai les savans qu'a formés leur génie :
Ils partagent entre eux la nature infinie,
Et dans son vaste empire ils règnent tous en paix ;
Chacun soulève un coin de ses voiles épais.
Sans ombre, ô Vérité, tu veux qu'on te contemple ;

[1] Le Jardin des Plantes, à Paris.

Le Sphinx n'est plus assis sur le seuil de ton temple.
Ici tous les secrets s'ouvrent à tous les yeux :
Le divin Esculape, égaré dans ces lieux,
D'un art trop insulté m'expliquant les mystères,
Demande à l'humble fleur quelques sucs salutaires ;
La fille du printemps ne les refuse pas,
Car souvent ses bienfaits égalent ses appas.

Ainsi donc, que les fleurs, charme de votre asile,
Ne frappent point les yeux d'un éclat inutile !
A l'entour, un essaim bourdonne sourdement ;
C'est là que, pénétré d'un double enchantement,
Vous lirez, au doux bruit de la ruche agitée,
Ces vers plus doux encore où gémit Aristée ;
C'est là qu'on rit parfois, Réaumur à la main,
Des aimables erreurs du poëte romain.

Fontanes.

MÊME SUJET.

O! comme chaque fleur, en ce riant dédale,
Prodigue aux sens charmés sa grâce végétale !
Noble fils du soleil, le lis majestueux
Vers l'astre paternel dont il brave les feux
Élève avec orgueil sa tête souveraine ;
Il est le roi des fleurs dont la rose est la reine.
L'obscure violette, amante des gazons,
Aux pleurs de leur rosée entremêlant ses dons,
Semble vouloir cacher, sous leurs voiles propices,

D'un pudique parfum les discrètes délices :
Pur emblème d'un cœur qui répand en secret
Sur le malheur timide un modeste bienfait !
Le narcisse, plus loin, isolé sur la rive,
S'incline réfléchi dans l'onde fugitive ;
Cette onde, cette fleur s'embellit à mes yeux,
Par le doux souvenir du ruisseau fabuleux :
Tant les illusions des poétiques songes
Nous font encore aimer leurs antiques mensonges.
Vois l'hyacinthe ouvrir sa corolle d'azur,
Le riche œillet, ami d'un air tranquille et pur,
Varier ses couleurs d'une teinte inégale,
Le muguet arrondir l'argent de son pétale,
Et l'épais chèvre-feuille errer en longs festons.
La rose te sourit à travers ses boutons :
Heureux, en la voyant, du baiser qu'il espère,
Le berger la promit au sein de sa bergère !
Fleur chère à tous les cœurs ! elle pare à la fois
Et le chaume du pauvre et le marbre des rois ;
Elle orne tous les ans la beauté la plus sage :
Le prix de l'innocence en est aussi l'image.

Boisjolin

MÊME SUJET.

Ce sol, sans luxe vain, mais non pas sans parure
Au doux trésor des fruits mêle l'éclat des fleurs.
Là, croît l'œillet si fier de ses mille couleurs ;
Là, naissent au hasard le muguet, la jonquille,
Et des roses de mai la brillante famille,

Le riche bouton-d'or, et l'odorant jasmin,
Le lis, tout éclatant des feux purs du matin,
Le tournesol, géant de l'empire de Flore,
Et le tendre souci qu'un or pâle colore ;
Souci simple et modeste, à la cour de Cypris,
En vain sur toi la rose obtient toujours le prix :
Ta fleur, moins célébrée, a pour moi plus de charmes,
L'Aurore te forma de ses plus douces larmes.
Dédaignant des cités les jardins fastueux,
Tu te plais dans les champs ; ami des malheureux,
Tu portes dans les cœurs la douce rêverie ;
Ton éclat plaît toujours à la mélancolie ;
Et le sage Indien, pleurant sur un cercueil,
De tes fraîches couleurs peint ses habits de deuil.

Michaud

MÊME SUJET.

Mais parmi tous ces plants, prodigués sans mesure,
Puis-je oublier les fleurs, luxe de la nature !
Les fleurs, son plus doux soin, les fleurs, berceau des
Quelle forme élégante et quel frais coloris !
C'est l'azur, le rubis, l'opale, la topaze,
Tournés en globe, en frange, en diadème, en vase.
Les fleurs charment le goût, l'odorat et les yeux ;
Dans les palais des rois, dans les temples des dieux,
Souvent l'or fastueux le cède à leurs guirlandes ;
Amour ne reçoit point de plus douces offrandes.
Agréables encor, même dans leurs débris,
Nous changeons en parfums leurs feuillages flétris.

Odorante liqueur, pâte délicieuse,
Quels dons ne nous fait pas leur séve précieuse!
Les fleurs, du doux plaisir sont l'emblème riant.
Si j'en crois le récit des peuples d'Orient,
Pour donner un langage à ses douleurs secrètes,
Souvent plus d'un captif en fit ses interprètes;
En peignant par leur teinte ou l'espoir ou l'ennui,
Les fleurs interrogeaient et répondaient pour lui.
Pour rendre leurs contours, leur flexible souplesse,
Le marbre même semble emprunter leur mollesse;
Le peintre les chérit; sous les doigts du brodeur,
L'art n'en laisse au désir regretter que l'odeur,
Et dresse un piége adroit au papillon volage :
Tant l'homme aime les fleurs jusque dans leur image!
Si ces temps ne sont plus où, dans les jours de deuil,
Les fleurs suivaient les morts ou paraient leur cercueil·
Si nous ne voyons plus dans les jeux funéraires
Les fleurs s'entrelacer aux urnes cinéraires,
La pastourelle encore en forme ses bouquets :
Elles parent nos fronts, parfument nos banquets,
Et parmi les cristaux, belles sans artifice,
De nos brillans desserts couronnent l'édifice.
Hôte aimable des champs, ce peuple quelquefois
Vient vivre parmi nous, et se plaît sous nos toits;
Trompe l'hiver jaloux dans l'abri d'une serre;
Se mire dans les eaux et tapisse la terre;
Et sur la mer, enfin, souvent aux matelots
Leur parfum présagea la terre et le repos.

Delille.

FLEUVES.

La mer, dont le soleil attire les vapeurs,
Par ces eaux qu'elle perd voit une mer nouvelle
Se former, s'élever, et s'étendre sur elle.
De nuages légers cet amas précieux,
Que dispersent au loin les vents officieux,
Tantôt féconde pluie arrose nos campagnes,
Tantôt retombe en neige, et blanchit nos montagnes.
Sur ces rocs sourcilleux, de frimas couronnés,
Réservoirs des trésors qui nous sont destinés,
Les flots de l'Océan apportés goutte à goutte
Réunissent leur force et s'ouvrent une route.
Jusqu'au fond de leur sein lentement répandus,
Dans leurs veines errans, à leurs pieds descendus,
On les en voit enfin sortir à pas timides,
D'abord faibles ruisseaux, bientôt fleuves rapides.
Des racines des monts qu'Annibal sut franchir,
Indolent Ferrarois, le Pô va t'enrichir ;
Impétueux enfans de cette longue chaîne,
Le Rhône suit vers nous le torrent qui l'entraîne,
Et son frère, emporté par un contraire choix,
Sorti du même sein, va chercher d'autres lois.
Mais enfin, terminant leurs courses vagabondes,
Leur antique séjour redemande leurs ondes.
Ils les rendent aux mers ; le soleil les reprend :
Sur les monts, dans les champs, l'aquilon nous les rend.
Telle est de l'univers la constante harmonie :

De son empire heureux la discorde est bannie,
Tout conspire pour nous, les montagnes, les mers,
L'astre brillant du jour, les fiers tyrans des airs.
Puisse le même accord régner parmi les hommes

Racine fils.

MESCHACEBÉ

Des fleuves, des torrens, roi puissant et terrible,
Le grand Meschacebé, quelquefois plus paisible,
Promène en ces beaux lieux pompeusement ses eaux.
Ose alors parcourir, en glissant sur ses flots,
Ces sites, dont cent fois te charma la peinture ;
Les voilà : déroulant ses tapis de verdure,
Ici, sous un ciel pur, la savane à tes yeux
S'étend vers l'horizon, et se perd dans les cieux ;
Sans chefs et sans pasteurs, exempts d'inquiétudes,
D'innombrables troupeaux, enfans des solitudes,
Errent sur les gazons, ou nagent dans les eaux ;
Là, le fleuve, coulant à travers les coteaux,
Baigne des bords couverts d'éclatans paysages.
Sur ces rives l'on voit des fleurs et des ombrages ;
On entend dans les bois de confuses clameurs.
Mariant leurs parfums, leurs formes, leurs couleurs,
Suspendus sur les eaux, groupés sur les montagnes,
Mille arbres différens, dans ces riches campagnes,
Charmeront tes regards ; sur leurs dômes épais,
Le beau magnolia, noble roi des forêts,
Lève son front paré de roses virginales.

Balancé mollement, aux brises matinales,
Le palmiste, élançant sa flèche dans les airs,
Seul partage avec lui l'empire des déserts.
Le colibri doré sur les fleurs étincelle ;
La colombe gémit ; tout s'unit, tout s'appelle,
Dans les bois, dans les prés, dans les airs, sur les eaux.
La liane flexible, entourant les rameaux,
Ici tombe en festons qu'un vent léger balance ;
Quelquefois s'égarant, d'arbre en arbre s'élance,
Court, s'abaisse, s'élève, et mêle à leurs couleurs
Des chaînes de verdure et des voûtes de fleurs.

Le fleuve cependant poursuit sa course immense :
Tantôt, roulant ses flots dans un profond silence,
Réfléchit, doucement agité par les vents,
Les arbres, les rochers, les nuages errans ;
Tantôt, entre deux monts précipitant ses ondes,
Fait éclater sa voix sous leurs voûtes profondes ;
Sort, d'écume, de fange, et de débris couvert,
De ses flots débordés inonde le désert,
Arrose cent climats peuplés ou solitaires ;
Et, portant dans ses eaux cent fleuves tributaires,
Vers l'Océan jaloux s'avance avec fierté,
Ose du Dieu surpris braver la majesté ;
Et, du flux impuissant brisant les faibles chaînes,
Semble entrer en vainqueur dans ses vastes domaines.

Saint-Victor.

FOURMIS.

Souvent aussi l'instinct varie avec les lieux.
Comparez ces fourmis, moins dignes de nos yeux,
Méconnaissant les arts de la paix, de la guerre,
Durant l'hiver entier sommeillant sous la terre,
Mais qui rôdent sans cesse, et d'un amas de grains
Remplissent à l'envi leurs greniers souterrains,
A ces nobles fourmis dont se vante l'Afrique,
En trois classes rangeant leur sage république;
Peuple heureux d'ouvriers, de nobles, de soldats.
Que de grands monumens dans leurs petits états !
De leurs toits dont dix pieds nous donnent la mesure,
Les yeux aiment à voir la ferme architecture;
Sur le cône aplati le buffle quelquefois
Guette pour l'éviter le fier tyran des bois.
Au-dedans quelle heureuse et savante industrie
De leurs compartimens règle la symétrie,
Aligne leur cité, dessine leurs maisons,
Leurs escaliers tournans et leurs solides ponts,
Qui partout présentent de faciles passages,
Pour alléger leur peine abrègent leurs voyages !
Au centre, tout entière à la postérité,
En mêlant la grandeur à la captivité,
Leur noble souveraine, en une paix profonde,
Ne quitte point sa couche incessamment féconde,
Et par son ventre énorme et son énorme poids
Surpasse ses sujets un million de fois,

Quatre-vingt mille enfans la connaissent pour mère;
Au fond de son palais, auguste sanctuaire,
Des serviteurs choisis entre tous ses sujets,
Dans sa chambre royale ont seuls un libre accès.
Leur foule emplit ses murs, et par une humble porte
Dépose dans leur lieu les œufs qu'elle transporte.
L'ordre règne partout; épars de tout côté
Leurs riches magasins entourent la cité;
Ailleurs sont élevés les enfans de la reine;
La cour habite enfin près de sa souveraine;
Le voyageur, de loin découvrant leurs travaux,
D'une heureuse peuplade a cru voir les hameaux.
O Nil! ne vante plus ces masses colossales,
Des sommets Abyssins orgueilleuses rivales;
L'insecte constructeur est plus grand à mes yeux
Que l'homme amoncelant ces rocs audacieux;
Et quand une fourmi bâtit des pyramides,
Nos arts semblent bornés, et nos travaux timides.

Delille.

MÊME SUJET.

Non loin de là est une nation belliqueuse, une société de sages et de guerriers : les petits êtres qui la composent ont un langage tendre, varié, pathétique; ils s'aiment, ils aiment leur patrie, ils travaillent, ils combattent pour elle. Leur prévoyance semble le fruit des réflexions les plus profondes, des combinaisons les plus ingénieuses. Entrez dans le sein de cette cité, vous y verrez un petit peuple tout noir, qui trace de longues galeries, forme des cellules, élève étage sur étage, et palais sur palais. Arrêtez-vous un instant sur les bords de cette caverne creusée au pied d'un arbre, il va s'y passer des prodiges. Le petit peuple noir y amène des animaux d'une autre espèce, et les y laisse dans l'esclavage. Aussitôt les prisonniers s'attachent aux racines humectées des plantes, et y puisent un miel abondant que les maîtres de l'habitation se hâtent de recueillir. Ces maîtres sont des fourmis, les insectes qui fabriquent le miel sont des pucerons. Ainsi, les fourmis ont des étables où elles renferment leur bétail ; elles trouvent dans les pucerons des espèces d'animaux domestiques : ce sont leurs vaches, leurs chèvres, leurs brebis ; et ces industrieuses villageoises passent les beaux jours du printemps au sein de leur métairie, occupées, comme les dieux d'Homère, à savourer l'ambroisie.

Aimé Martin.

8*

HERBORISATION.

Le jour vient, et la troupe arrive au rendez-vous.
Ce ne sont point ici de ces guerres barbares
Où les accens du cor et le bruit des fanfares
Épouvantent de loin les hôtes des forêts.
Paissez, jeunes chevreuils; sous vos ombrages frais,
Oiseaux, ne craignez rien : ces chasses innocentes
Ont pour objet les fleurs, les arbres et les plantes;
Et des prés, et des bois, et des champs, et des monts,
Le portefeuille avide attend déjà les dons.
On part : l'air du matin, la fraîcheur de l'aurore,
Appellent à l'envi les disciples de Flore.

Jussieu marche à leur tête; il parcourt avec eux
Du règne végétal les nourrissons nombreux.
Pour tenter son savoir, quelquefois leur malice,
De plusieurs végétaux compose un tout factice :
Le sage l'aperçoit, sourit avec bonté,
Et rend à chaque plant son débris emprunté.
Chacun dans sa recherche à l'envi se signale :
Étamine, pistil, et corolle, et pétale,
On interroge tout. Parmi ces végétaux,
Les uns vous sont connus, d'autres vous sont nouveaux;
Vous voyez les premiers avec reconnaissance,
Vous voyez les seconds des yeux de l'espérance :
L'un est un vieil ami qu'on aime à retrouver,
L'autre est un inconnu que l'on doit éprouver.
Et quel plaisir encor lorsque des objets rares,
Dont le sol, le climat, et le ciel sont avares,

Rendus par votre attente encor plus précieux,
Par un heureux hasard se montrent à vos yeux :
Voyez quand la pervenche, en nos champs ignorée,
Offre à Rousseau sa fleur si long-temps désirée !
La pervenche ! grand Dieu ! la pervenche ! soudain
Il la couve des yeux ; il y porte la main,
Saisit sa douce proie : avec moins de tendresse
L'amant voit, reconnaît, adore sa maîtresse.

Mais le besoin commande : un champêtre repas,
Pour ranimer leur force, a suspendu leurs pas :
C'est au bord des ruisseaux, des sources, des cascades.
Bacchus se rafraîchit dans les eaux des Naïades :
Des arbres pour lambris, pour tableaux l'horizon,
Les oiseaux pour concert, pour table le gazon ;
Le laitage, les œufs, l'abricot, la cerise,
Et la fraise des bois que leurs mains ont conquise,
Voilà leurs simples mets ; grâce à leurs doux travaux,
Leur appétit insulte à tout l'art des Méots.
On fête, on chante Flore, et l'antique Cybèle,
Éternellement jeune, éternellement belle.
Leurs discours ne sont pas tous ces riens si vantés,
Par la mode introduits, par la mode emportés :
Mais la grandeur d'un Dieu, mais sa bonté féconde,
La nature immortelle, et les secrets du monde.

La troupe enfin se lève ; on vole de nouveau
Des bois à la prairie, et des champs au coteau ;
Et le soir dans l'herbier, dont les feuilles sont prêtes,
Chacun vient en triomphe apporter ses conquêtes.

Delille.

HÉRISSON.

Le renard sait beaucoup de choses, le hérisson n'en sait qu'une grande, disaient proverbialement les anciens. Il sait se défendre sans combattre, et blesser sans attaquer : n'ayant que peu de forces, et nulle agilité pour fuir, il a reçu de la nature une armure épineuse, avec la facilité de se resserrer en boule, et de présenter de tous côtés des armes défensives, poignantes, et qui rebutent ses ennemis; plus ils le tourmentent, plus il se hérisse et se resserre. Il se défend encore par l'effet même de la peur; il lâche son urine, dont l'odeur et l'humidité, se répandant sur tout son corps, achèvent de les dégoûter. Aussi la plupart des chiens se contentent de l'aboyer, et ne se soucient pas de le saisir; cependant il y en a quelques-uns qui trouvent moyen, comme le renard, d'en venir à bout, en se piquant les pieds et se mettant la gueule en sang; mais il ne craint ni la fouine, ni la marte, ni le putois, ni le furet, ni la belette, ni les oiseaux de proie. *Buffon*.

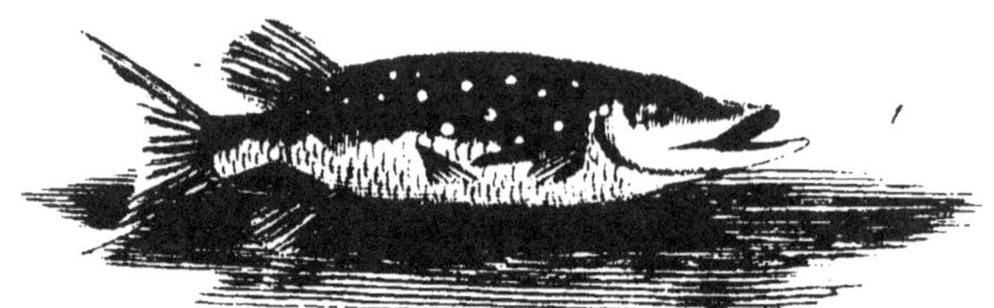

1. Brochet _ 2. Fouine _ 3. Porc-épic d'Afrique

HERON.

Le héron nous représente l'image d'une vie de souffrance, d'anxiété, d'indigence : n'ayant que l'embuscade pour tout moyen d'industrie, il passe des heures, des jours entiers à la même place, immobile au point de laisser douter si c'est un être animé. Lorsqu'on l'observe avec une lunette (car il se laisse rarement approcher), il paraît comme endormi, posé sur une pierre, le corps presque droit et sur un seul pied, le cou replié le long de la poitrine et du ventre, la tête et le bec couchés entre les épaules, qui se haussent et excèdent de beaucoup la poitrine ; et s'il change d'attitude, c'est pour en prendre une encore plus contrainte en se mettant en mouvement : il entre dans l'eau jusqu'au-dessus du genou, la tête entre les jambes, pour guetter au passage une grenouille, un poisson. Mais réduit à attendre que sa proie vienne s'offrir à lui, et n'ayant qu'un instant pour la saisir, il doit subir de longs jeûnes et quelquefois périr d'inanition : car il n'a pas l'instinct, lorsque l'eau

est couverte de glace, d'aller chercher à vivre
dans des climats plus tempérés; et c'est mal à
propos que quelques naturalistes l'ont rangé
parmi les oiseaux de passage qui reviennent au
printemps dans les lieux qu'ils ont quittés l'hiver, puisque nous voyons ici des hérons dans
toutes les saisons, et même pendant les froids
les plus rigoureux et les plus longs : forcés alors
de quitter les marais et les rivières gelées, ils
se tiennent sur les ruisseaux et près des sources chaudes ; et c'est dans ce temps qu'ils sont
le plus en mouvement, et où ils font d'assez
grandes traversées pour changer de station,
mais toujours dans la même contrée. Ils semblent donc se multiplier à mesure que le froid
augmente, et ils paraissent supporter également
ment et la faim et le froid ; ils ne résistent et
ne durent qu'à force de patience et de sobriété : mais ces froides vertus sont ordinairement accompagnées du dégoût de la vie.
Lorsqu'on prend un héron, on peut le garder
quinze jours sans lui voir chercher ni prendre
aucune nourriture ; il rejette même celle qu'on
tente de lui faire avaler : sa mélancolie naturelle, augmentée sans doute par la captivité,

l'emporte sur l'instinct de sa conservation, sentiment que la nature imprime le premier dans le cœur de tous les êtres animés ; l'apathique héron semble se consumer sans languir, il périt sans se plaindre et sans apparence de regret.	*Buffon.*

HIPPOPOTAME.

Avec d'aussi puissantes armes et une force prodigieuse de corps, l'hippopotame pourrait se rendre redoutable à tous les animaux ; mais il est naturellement doux ; il est d'ailleurs si pesant et si lent à la course, qu'il ne pourrait attraper aucun des quadrupèdes ; il nage plus vite qu'il ne court ; il chasse le poisson et en fait sa proie ; il se plaît dans l'eau , et y séjourne aussi volontiers que sur la terre ; cependant il n'a pas, comme le castor ou la loutre, des membranes entre les doigts des pieds, et il paraît qu'il ne nage aisément que par la grande capacité de son ventre, qui fait que, volume pour volume, il est à peu près d'un poids égal à l'eau ; d'ailleurs il se tient longtemps au fond de l'eau, et y marche comme

en plein air ; et, lorsqu'il en sort pour paître,
il mange des cannes de sucre , des joncs , du
millet , du riz , des racines , etc. Il en consomme et détruit une grande quantité , et il
fait beaucoup de dommage dans les terres cultivées ; mais comme il est plus timide sur
terre que dans l'eau , on vient aisément à bout
de l'écarter : il a les jambes si courtes , qu'il
ne pourrait échapper par la fuite s'il s'éloignait
du bord des eaux ; sa ressource , lorsqu'il est
en danger , est de se jeter à l'eau , de s'y plon-
ger , et de faire un grand trajet avant de reparaître : il fuit ordinairement lorsqu'on le
chasse ; mais si l'on vient à le blesser , il s'irrite , et , se retournant avec fureur , se lance
contre les barques , les saisit avec les dents ,
en enlève souvent des pièces , et quelquefois
les submerge.							*Buffon.*

HIRONDELLE.

Le vol est l'état naturel , je dirais presque
l'état nécessaire de l'hirondelle ; elle mange
en volant , elle boit en volant , se baigne en
volant , et quelquefois donne à manger à ses

petits en volant... Elle sent que l'air est son domaine, elle en parcourt toutes les dimensions et dans tous les sens, comme pour en jouir dans tous les détails, et le plaisir de cette jouissance se marque par de petits cris de gaieté. Tantôt elle donne la chasse aux insectes voltigeans, et suit avec une agilité souple leur trace oblique et tortueuse; tantôt elle rase légèrement la surface de la terre, pour saisir ceux que la pluie ou la fraîcheur y rassemble; tantôt elle échappe elle-même à l'impétuosité de l'oiseau de proie par la flexibilité preste de ses mouvemens : toujours maîtresse de son vol dans sa plus grande vitesse, elle en change à tout instant la direction; elle semble décrire au milieu des airs un dédale mobile et fugitif, dont les routes se croisent, s'entrelacent, se fuient, se rapprochent, se heurtent, se roulent, montent, descendent, se perdent et reparaissent pour se croiser, se rebrouiller encore en mille manières, et dont le plan, trop compliqué pour être représenté aux yeux par l'art du dessin, peut à peine être indiqué à l'imagination par le pinceau de la parole.   *Buffon.*

HIVER.

La saison des frimas, plus imposante encore,
Vous offrira ces monts de neige au loin couverts,
La pompe des glaciers, la splendeur des hivers.
Que de brillans rochers, d'informes pyramides !
Là des forêts d'albâtre, ici des mers solides,
Des torrens suspendus en lustres, en cristaux ;
Des terrains inconnus à tous les végétaux ;
D'indestructibles rocs, dont la force infinie
Ressemble à ces travaux qu'enfanta le génie ;
Ces travaux triomphant de vingt siècles divers,
Et qui restent debout sur l'antique univers.
Voyez l'hiver encore, quand, soulevant ses ondes,
Il fait bondir la mer en ses prisons profondes,
Lorsque des aquilons les mugissans efforts
Avec un bruit affreux la roulent vers ses bords ;
Peignez ses flots, gonflez leurs tourbillons avides ;
Creusez leurs larges plis et leurs sillons livides ;
Sur leurs cimes offrez des vaisseaux suspendus,
Dans l'abîme profond quelques-uns descendus ;
D'autres, qu'un roc affreux fracasse, et que dévore
L'onde qui les saisit, qui les vomit encore,
Les reprend, les rejette, arrache de leurs flancs
Leurs carênes, leurs mâts, leurs antennes, leurs bancs,
Leurs matelots traînés , déchirés dans les sables.
Montrez des corps brisés, des troncs méconnaissables,

1. Magot _ 2. Mandrille _ 3. Douc.

Et quelques malheureux, luttant avec effort,
Qui heurtent sur ces flots, et repoussent la mort.

Perceval Grandmaison.

Voyez PRINTEMPS.

HOMME.

TOUT marque dans l'homme, même à l'extérieur, sa supériorité sur tous les êtres vivans ; il se soutient droit et élevé, son attitude est celle du commandement, sa tête regarde le ciel et présente une face auguste sur laquelle est imprimé le caractère de sa dignité ; l'image de l'âme y est peinte par la physionomie ; l'excellence de sa nature perce à travers les organes matériels, et anime d'un feu divin les traits de son visage ; son port majestueux, sa démarche ferme et hardie, annoncent sa noblesse et son rang ; il ne touche à la terre que par ses extrémités les plus éloignées, il ne la voit que de loin, et semble la dédaigner ; les bras ne lui sont pas donnés pour servir de piliers d'appui à la masse de son corps, sa main ne doit pas fouler la terre, et perdre par des frottemens réitérés la finesse du toucher dont elle est le principal organe ; le bras et la main sont faits pour servir à des usages plus nobles, pour exécuter les ordres de la volonté, pour saisir les choses éloignées, pour écarter les obstacles, pour prévenir les rencontres et le choc de ce qui pourrait nuire, pour embrasser et retenir ce qui peut plaire, pour le mettre à portée des autres sens.

Lorsque l'âme est tranquille, toutes les parties du visage sont dans un état de repos ; leur proportion, leur union, leur ensemble, marquent encore assez la douce harmonie des pensées, et répondent au calme de l'intérieur ; mais, lorsque l'âme est agitée, la face humaine devient un tableau vivant où les passions sont rendues avec autant de délicatesse que d'énergie, où chaque mouvement de l'âme est exprimé par un trait, chaque action par un caractère, dont l'impression vive et prompte devance la volonté, nous décèle et rend au dehors par des signes pathétiques les images de nos secrètes agitations.

C'est surtout dans les yeux qu'elles se peignent et qu'on peut les reconnaître : l'œil appartient à l'âme plus qu'aucun autre organe ; il semble y toucher et participer à tous ses mouvemens ; il en exprime les passions les plus vives et les émotions les plus tumultueuses, comme les mouvemens les plus doux et les sentimens les plus délicats ; il les rend dans toute leur force, dans toute leur pureté, tels qu'ils viennent de naître ; il les transmet par des traits rapides qui portent dans une autre âme le feu, l'action, l'image de celle dont ils partent ; l'œil reçoit et réfléchit en même temps la lumière de la pensée et la chaleur du sentiment ; c'est le sens de l'esprit et la langue de l'intelligence.

On n'a rien observé de parfaitement exact dans le détail des proportions du corps humain ; non-seulement les mêmes parties du corps n'ont pas les mêmes dimensions proportionnelles dans deux personnes différentes, mais souvent dans la même personne une partie n'est pas exactement semblable à la partie correspondante ; par exemple, souvent le bras ou la jambe du côté droit n'a pas exactement les mêmes dimensions que le bras ou la jambe du côté gauche, etc. Il a donc fallu des observations répétées pendant long-temps pour

trouver un milieu entre ces différences, afin
d'établir au juste les dimensions des parties
du corps humain, et de donner une idée
des proportions qui font ce qu'on appelle
la belle nature : ce n'est pas par la comparaison du corps d'un homme avec celui
d'un autre homme, ou par des mesures actuellement prises sur un grand nombre de
sujets, qu'on a pu acquérir cette connaissance ; c'est par les efforts qu'on a faits pour
imiter et copier exactement la nature ; c'est
à l'art du dessin qu'on doit tout ce que l'on
peut savoir en ce genre, le sentiment et le
goût ont fait ce que la mécanique ne pouvait faire : on a quitté la règle et le compas
pour s'en tenir au coup d'œil, on a réalisé
sur le marbre toutes les formes, tous les
contours de toutes les parties du corps humain, et on a mieux connu la nature par la
représentation que par la nature même ; dès
qu'il y a eu des statues, on a mieux jugé de
leur perfection en les voyant qu'en les mesu-
rant. C'est par un grand exercice de l'art du
dessin, et par un sentiment exquis, que les
grands statuaires sont parvenus à faire sentir

aux autres hommes les justes proportions des ouvrages de la nature; les anciens ont fait de si belles statues, que, d'un commun accord, on les a regardées comme la représentation exacte du corps humain le plus parfait. Ces statues, qui n'étaient que des copies de l'homme, sont devenues-des originaux, parce que ces copies n'étaient pas faites d'après un seul individu, mais d'après l'espèce humaine entière bien observée, et si bien vue qu'on n'a pu trouver aucun homme dont le corps fût aussi bien proportionné que ces statues; c'est donc sur ces modèles que l'on a pris les mesures du corps humain.

L'homme sait user en maître de sa puissance sur les animaux: il a choisi ceux dont la chair flatte son goût, il en a fait des esclaves domestiques, il les a multipliés plus que la nature ne l'aurait fait, il en a formé des troupeaux nombreux; et par les soins qu'il prend de les faire naître, il semble avoir acquis le droit de se les immoler : mais il étend ce droit bien au delà de ses besoins; car indépendamment de ces espèces qu'il s'est assujéties, et dont il dispose à son gré, il fait aussi la guerre aux animaux sauvages, aux oiseaux, aux poissons; il ne se borne pas même à ceux du climat qu'il habite, il va chercher **au loin**, **et** jusqu'au milieu des mers, de nouveaux mets, et la nature entière semble suffire à peine à son intempérance et à l'inconstante variété de ses appétits : l'homme consomme, engloutit lui seul plus de chair que tous les animaux ensemble n'en dévorent; il est donc le plus grand destructeur, et c'est plus par abus que par nécessité; au lieu de jouir modérément des biens qui lui sont offerts, au lieu de les dispenser avec équité, au lieu de réparer à mesure qu'il détruit, de renouveler lorsqu'il anéantit, l'homme riche met toute sa gloire à consommer, toute sa grandeur à perdre en un jour à sa table plus de biens qu'il n'en faudrait pour faire subsister plusieurs familles; il abuse également et des animaux et des hommes, dont le reste demeure affamé, languit dans la misère, et ne travaille que pour satisfaire à l'appétit immodéré et à la vanité encore plus insatiable de cet homme, qui, détruisant les autres par la disette, se détruit lui-même par les excès.

Cependant l'homme pourrait, comme l'animal, vivre de végétaux; la chair, qui paraît être si analogue à la chair, n'est pas une nourriture meilleure que les graines ou le pain; ce qui fait la vraie nourriture, celle qui contribue à la nutrition, au développement, à l'accroissement et à l'entretien du corps, n'est pas cette matière brute qui compose à nos yeux la texture de la chair ou de l'herbe, mais ce sont les molécules organiques que l'une et l'autre contiennent, puisque le bœuf en paissant l'herbe acquiert autant de chair que l'homme ou que les animaux qui ne vivent que de chair et de sang : la seule différence réelle qu'il y ait entre ces alimens, c'est qu'à volume égal, la chair, le blé, les graines contiennent beaucoup plus de molécules organiques que l'herbe, les feuilles, les racines, et les autres parties des plantes, comme nous nous en sommes assurés en observant les infusions de ces différentes matières; en sorte que l'homme et les animaux dont l'estomac et les intestins n'ont pas assez de capacité pour admettre un très-grand volume d'alimens, ne pourraient pas prendre assez d'herbe pour en tirer la quantité de molécules organiques nécessaires à leur nutrition ; et c'est par cette raison que l'homme et les autres animaux qui n'ont qu'un estomac ne peuvent vivre que de chair ou de graines, qui dans un petit volume contiennent une très-grande quantité de ces molécules organiques nutritives, tandis que le bœuf et les autres animaux ruminans qui ont plusieurs estomacs, dont l'un est d'une très-grande capacité, et qui par conséquent peuvent se remplir d'un grand volume d'herbe, en tirent assez de molécules organiques pour se nourrir, croître et multiplier. La quantité compense ici la qualité de la nourriture, mais le fonds en est le même, c'est la même matière, ce sont les mêmes molécules organiques qui nourrissent le bœuf, l'homme, et tous les animaux.

ENFANCE.

Si quelque chose est capable de nous donner une idée de notre faiblesse, c'est l'état où nous nous trouvons immédiatement après la naissance : incapable de faire encore aucun usage de ses organes et de se servir de ses sens, l'enfant qui naît a besoin de secours de toute espèce : c'est une image de misère et de douleur ; il est dans ces premiers temps plus faible qu'aucun des animaux. Sa vie incertaine et chancelante paraît devoir finir à chaque instant ; il ne peut se soutenir ni se mouvoir, à peine a-t-il la force nécessaire pour exister et pour annoncer par des gémissemens les souffrances qu'il éprouve, comme si la nature voulait l'avertir qu'il est né pour souffrir, et qu'il ne vient prendre place dans l'espèce humaine que pour en partager les infirmités et les peines.

LES DIFFÉRENS AGES
DE LA VIE.

Le bonheur de l'homme consistant dans l'unité de son intérieur, il est heureux dans le temps de l'enfance, parce que le principe matériel domine seul et agit presque continuellement. La contrainte, les remontrances et même les châtimens, ne sont que de petits chagrins : l'enfant ne les ressent que comme

on sent les douleurs corporelles, le fond de
son existence n'en est point affecté; il reprend,
dès qu'il est en liberté, toute l'action, toute
la gaieté que lui donnent la vivacité et la nouveauté de ses sensations. S'il était entièrement
livré à lui-même, il serait parfaitement heureux; mais ce bonheur cesserait, il produirait
même le malheur pour les âges suivans. On
est donc obligé de contraindre l'enfant; il est
triste, mais nécessaire de le rendre malheureux par instans, puisque ces instans mêmes
de malheur sont les germes de tout son bonheur à venir.

Dans la jeunesse, lorsque le principe spirituel commence à entrer en exercice, et qu'il
pourrait déjà nous conduire, il naît un nouveau sens matériel qui prend un empire absolu, et commande si impérieusement à toutes
nos facultés, que l'âme elle-même semble se
prêter avec plaisir aux passions impétueuses
qu'il produit : le principe matériel domine
donc encore, et peut-être avec plus d'avantage que jamais; car non-seulement il efface
et soumet la raison, mais il la pervertit et
s'en sert comme d'un moyen de plus. On ne

pense et on n'agit que pour approuver et pour satisfaire sa passion ; tant que cette ivresse dure on est heureux : les contradictions et les peines extérieures semblent resserrer encore l'unité de l'intérieur ; elles fortifient la passion, elles en remplissent les intervalles languissans, elles réveillent l'orgueil, et achèvent de tourner toutes nos vues vers le même objet, et toutes nos puissances vers le même but.

Mais ce bonheur va passer comme un songe, le charme disparaît, le dégoût suit, un vide affreux succède à la plénitude des sentimens dont on était occupé. L'âme, au sortir de ce sommeil léthargique, a peine à se reconnaître : elle a perdu par l'esclavage l'habitude de commander, elle n'en a plus la force, elle regrette même la servitude et cherche un nouveau maître, un nouvel objet de passions, qui disparaît bientôt à son tour pour être suivi d'un autre qui dure encore moins. Ainsi, les excès et les dégoûts se multiplient, les plaisirs fuient, les organes s'usent, le sens matériel, loin de pouvoir commander, n'a plus la force d'obéir. Que reste-t-il à l'homme après une telle jeunesse? un corps énervé, une âme amollie, et l'impuissance de se servir de tous deux.

Aussi a-t-on remarqué que c'est dans le moyen âge que les hommes sont le plus sujets à ces langueurs de l'âme, à cette maladie intérieure, à cet état de vapeurs dont j'ai parlé. On court encore à cet âge après les plaisirs de la jeunesse, on les cherche par habitude et non par besoin; et, comme à mesure qu'on avance il arrive toujours plus fréquemment qu'on sent moins le plaisir que l'impuissance d'en jouir, on se trouve contredit par soi-même, humilié par sa propre faiblesse, si nettement et si souvent, qu'on ne peut s'empêcher de se blâmer, de condamner ses actions, et de se reprocher même ses désirs.

D'ailleurs, c'est à cet âge que naissent les soucis, et que la vie est la plus contentieuse; car on a pris un état, c'est-à-dire qu'on est entré par hasard ou par choix dans une carrière qu'il est toujours honteux de ne pas fournir, et souvent très-dangereux de remplir avec éclat. On marche donc péniblement entre deux écueils également formidables, le

mépris et la haine; on s'affaiblit par les efforts qu'on fait pour les éviter, et l'on tombe
dans le découragement : car, lorsqu'à force
d'avoir vécu et d'avoir reconnu, éprouvé les
injustices des hommes, on a pris l'habitude
d'y compter comme sur un mal nécessaire;
lorsqu'on s'est enfin accoutumé à faire moins
de cas de leurs jugemens que de son repos,
et que le cœur, endurci par les cicatrices
mêmes des coups qu'on lui a portés, est devenu plus insensible, on arrive aisément à
cet état d'indifférence, à cette quiétude in-
dolente dont on aurait rougi quelques années auparavant. La gloire, ce puissant mobile de toutes les grandes âmes, et qu'on
voyait de loin comme un but éclatant qu'on
s'efforçait d'atteindre par des actions brillantes
et des travaux utiles, n'est plus qu'un objet
sans attraits pour ceux qui en ont approché,
et un fantôme vain et trompeur pour les autres qui sont restés dans l'éloignement. La
paresse prend sa place, et semble offrir à
tous des routes plus aisées et des biens plus
solides; mais le dégoût la précède et l'ennui
la suit; l'ennui, ce triste tyran de toutes les

âmes qui pensent, contre lequel la sagesse peut moins que la folie.

C'est donc parce que la nature de l'homme est composée de deux principes opposés qu'il a tant de peine à se concilier avec lui-même ; c'est de là que viennent son inconstance, son irrésolution, ses ennuis.

Les animaux, au contraire, dont la nature est simple et purement matérielle, ne ressentent ni combats intérieurs, ni oppositions, ni troubles ; ils n'ont ni nos regrets, ni nos remords, ni nos espérances, ni nos craintes.

Séparons de nous tout ce qui appartient à l'âme, ôtons-nous l'entendement, l'esprit et la mémoire, ce qui nous restera sera la partie matérielle par laquelle nous sommes animaux : nous aurons encore des besoins, des sensations, des appétits, nous aurons de la douleur et du plaisir, nous aurons même des passions, car une passion est-elle autre chose qu'une sensation plus forte que les autres, et qui se renouvelle à tout instant ? Or, nos sensations pourront se renouveler dans notre sens intérieur matériel ; nous aurons donc toutes les passions, du moins toutes les passions aveu-

gles que l'âme, ce principe de la connaissance,
ne peut ni produire ni fomenter.

LA VIEILLESSE ET LA MORT.

Tout change dans la nature, tout s'altère,
tout périt ; le corps de l'homme n'est pas plus
tôt arrivé à son point de perfection, qu'il
commence à déchoir : le dépérissement est
d'abord insensible, il se passe même plusieurs
années avant que nous nous apercevions d'un
changement considérable ; cependant nous devrions sentir le poids de nos années mieux
que les autres ne peuvent en compter le nombre ; et comme ils ne se trompent pas sur notre âge en le jugeant par les changemens extérieurs, nous devrions nous tromper encore
moins sur l'effet intérieur qui les produit, si
nous nous observions mieux, si nous nous
flattions moins, et si, dans tout, les autres
ne nous jugeaient pas toujours beaucoup
mieux que nous ne nous jugeons nous-mêmes.

Lorsque le corps a acquis toute son étendue
en hauteur et en largeur par le développement entier de toutes ses parties, il augmente

en épaisseur. Le commencement de cette augmentation est le premier point de son dépérissement, car cette extension n'est pas une continuation de développement ou d'accroissement intérieur de chaque partie par lesquels le corps continuerait de prendre plus d'étendue dans toutes ses parties organiques, et par conséquent plus de force et d'activité ; mais c'est une simple addition de matière surabondante qui enfle le volume du corps et le charge d'un poids inutile. Cette matière est la graisse, qui survient ordinairement à trente-cinq ou quarante ans ; et à mesure qu'elle augmente, le corps a moins de légèreté et de liberté dans ses mouvemens, ses membres s'apesantissent, il n'acquiert de l'étendue qu'en perdant de la force et de l'activité.

D'ailleurs, les os et les autres parties solides du corps, ayant pris toute leur extension en longueur et en grosseur, continuent d'augmenter en solidité ; les sucs nourriciers qui y arrivent, et qui étaient auparavant employés à en augmenter le volume par le développement, ne servent plus qu'à l'augmentation de la masse en se fixant dans l'intérieur de ces parties : les membranes deviennent cartilagineuses, les cartilages deviennent osseux, les os deviennent plus solides, toutes les fibres plus dures, la peau se dessèche, les rides se forment peu à peu, les cheveux blanchissent, les dents tombent, le visage se déforme, le corps se courbe, etc. Les premières nuances de cet état se font apercevoir avant quarante ans; elles augmentent par degrés assez lents jusqu'à soixante, par degrés plus rapides jusqu'à soixante-et-dix : la caducité commence à cet âge de soixante-et-dix ans, elle va toujours en augmentant; la décrépitude suit, et la mort termine ordinairement avant l'âge de quatre-vingt-dix ou cent ans la vieillesse et la vie.

Pourquoi donc craindre la mort, si l'on a assez bien vécu pour n'en pas craindre les suites? Pourquoi redouter cet instant, puisqu'il est préparé par une infinité d'autres instans du même ordre, puisque la mort est aussi naturelle que la vie, et que l'une et l'autre nous arrivent de la même façon sans que nous le sentions, sans que nous puissions nous en apercevoir? Qu'on interroge lés médecins et les ministres de l'église, accoutumés à observer les actions des mourans et à recueillir leurs derniers sentimens, ils conviendront qu'à l'exception d'un très-petit nombre de maladies aiguës, où l'agitation causée par des mouvemens convulsifs semble indiquer les souffrances du malade, dans toutes les autres on meurt tranquillement, doucement et sans douleurs: et même ces terribles agonies effraient plus les spectateurs qu'elles ne tourmentent le malade; car combien n'en a-t-on pas vu qui, après avoir été à cette dernière extrémité, n'avaient aucun souvenir de ce qui s'était passé, non plus que de ce qu'ils avaient senti? Ils avaient réellement cessé d'être pour eux pendant ce temps, puisqu'ils sont obligés de rayer du nombre de leurs jours tous ceux qu'ils ont passés dans cet état, duquel il ne leur reste aucune idée.

La plupart des hommes meurent donc sans le savoir; et, dans le petit nombre de ceux qui conservent de la connaissance jusqu'au dernier soupir, il ne s'en trouve peut-être pas un qui ne conserve en même temps de l'espérance, et qui ne se flatte d'un retour vers la vie : la nature a, pour le bonheur de l'homme, rendu ce sentiment plus fort que la raison. Un malade dont le mal est incurable, qui peut juger son état par des exemples fréquens et familiers, qui en est averti par les mouvemens inquiets de sa famille, par les larmes de ses amis, par la contenance ou l'abandon des médecins, n'en est pas plus convaincu qu'il touche à sa dernière heure : l'intérêt est si grand, qu'on ne s'en rapporte qu'à soi; on n'en croit pas les jugemens des autres, on les regarde comme des alarmes peu fondées : tant qu'on se sent et qu'on pense, on ne réfléchit, on ne raisonne que pour soi, et tout est mort que l'espérance vit encore.

Jetez les yeux sur un malade qui vous aura dit cent fois qu'il se sent attaqué à mort, qu'il voit bien qu'il ne peut pas en revenir, qu'il est prêt à expirer; examinez ce qui se passe sur son visage lorsque, par zèle ou par indiscrétion, quelqu'un vient à lui annoncer que sa fin est prochaine en effet, vous le verrez changer comme celui d'un homme auquel on annonce une nouvelle imprévue. Ce malade ne croit donc pas ce qu'il dit lui-même, tant il est vrai qu'il n'est nullement convaincu qu'il doit mourir; il a seulement quelque doute, quelque inquiétude sur son état, mais il craint toujours beaucoup moins qu'il n'espère; et, si l'on ne réveillait pas ses frayeurs par ces tristes soins et cet appareil lugubre qui devancent la mort, il ne la verrait point arriver.

La mort n'est donc pas une chose aussi terrible que nous nous l'imaginons; **nous la** jugeons mal de loin; c'est un spectre qui nous épouvante à une certaine distance, et qui disparaît lorsqu'on vient à en approcher de près; nous n'en avons donc que des notions fausses; nous la regardons non-seulement comme le plus grand malheur, mais encore comme un mal accompagné de la plus vive douleur et des plus pénibles angoisses; nous avons même cherché à grossir dans notre imagination ces funestes images, et à augmenter nos craintes en raisonnant sur la nature de la douleur. Elle doit être extrême, a-t-on dit, lorsque l'âme se sépare du corps; elle peut aussi être de très-longue durée, puisque, le temps n'ayant d'autre mesure que la succession de nos idées, un instant de douleur très-vive, pendant lequel ces idées se succèdent avec une rapidité proportionnée à la violence du mal, peut nous paraître plus long qu'un siècle pendant lequel elles coulent lentement et relativement aux sentimens tranquilles qui nous affectent ordinairement. Quel abus de la philosophie dans ce raisonnement! il ne mériterait pas d'être relevé, s'il était sans conséquence; mais il influe sur le malheur du genre humain; il rend l'aspect de la mort mille fois plus affreux qu'il ne peut être; et n'y eût-il qu'un très-petit nombre de gens trompés par l'apparence spécieuse de ces idées, il serait toujours utile de les détruire et d'en faire voir la fausseté.

Lorsque l'âme vient s'unir à notre corps, avons-nous un plaisir excessif, une joie vive et prompte qui nous transporte et nous ravisse? Non: cette union se fait sans que nous nous en apercevions, la désunion doit s'en faire de même sans exciter aucun sentiment; quelle raison a-t-on pour croire que la séparation de l'âme et du corps ne puisse se faire sans une douleur extrême? quelle cause peut produire cette douleur, ou l'occasioner? La fera-t-on résider dans l'âme ou dans le corps? la douleur de l'âme ne peut être produite que par la pensée, celle du corps est toujours proportionnée à sa force et à sa faiblesse; dans l'instant de la mort naturelle le corps est plus faible que jamais, il ne peut donc éprouver qu'une très-petite douleur, si même il en éprouve aucune.

Maintenant supposons une mort violente : un homme, par exemple, dont la tête est emportée par un boulet de canon, souffre-t-il plus d'un instant? a-t-il, dans l'intervalle de cet instant, une succession d'idées assez rapides pour que cette douleur lui paraisse durer une heure, un jour, un siècle?

Une douleur très-vive, pour peu qu'elle dure, conduit à l'évanouissement ou à la mort; nos organes, n'ayant qu'un certain degré de force, ne peuvent résister que pendant un certain temps à un certain degré de douleur; si elle devient excessive, elle cesse, parce qu'elle est plus forte que le corps, qui, ne pouvant la supporter, peut encore moins la transmettre à l'âme, avec laquelle il ne peut correspondre que quand les organes agissent ; ici l'action des organes cesse, le sentiment intérieur qu'ils communiquent à l'âme doit donc cesser aussi.

Ce que je viens de dire est peut-être plus que suffisant pour prouver que l'instant de la mort n'est point accompagné d'une douleur extrême ni de longue durée : mais pour rassurer les gens les moins courageux, nous ajouterons encore un mot. Une douleur excessive ne permet aucune réflexion ; cependant on a vu souvent des signes de réflexion dans le moment même d'une mort violente. Lorsque Charles XII reçut le coup qui termina dans un instant ses exploits et sa vie, il porta la main sur son épée ; cette douleur mortelle n'était donc pas excessive, puisqu'elle n'excluait pas la réflexion ; il se sentit attaqué, il réfléchit qu'il fallait se défendre ; il ne souffrit donc qu'autant que l'on souffre par un coup ordinaire : on ne peut pas dire que cette action ne fut que le résultat d'un mouvement mécanique ; car nous avons prouvé, à l'article des passions, que leurs mouvemens, même les plus prompts, dépendent toujours de la réflexion, et ne sont que des effets d'une volonté habituelle de l'âme.

Je ne me suis un peu étendu sur ce sujet que pour tâcher de détruire un préjugé si contraire au bonheur de l'homme : j'ai vu des victimes de ce préjugé, des personnes que la frayeur de la mort a fait mourir en effet, des femmes surtout que la crainte de la douleur anéantissait ; ces terribles alarmes semblent même n'être faites que pour des personnes élevées et devenues par leur éducation plus sensibles que les autres, car le commun des hommes, surtout ceux de la campagne, voient la mort sans effroi.

La vraie philosophie est de voir les choses telles qu'elles sont ; le sentiment intérieur serait toujours d'accord avec cette philosophie, s'il n'était perverti par les illusions de notre imagination, et par l'habitude malheureuse que nous avons prise de nous forger des fantômes de douleur et de plaisir : il n'y a rien de terrible ni rien de charmant que de loin, mais pour s'en assurer il faut avoir le courage ou la sagesse de voir l'un et l'autre de près.

HOMO DUPLEX.

L'homme intérieur est double ; il est composé de deux principes différens par leur nature, et contraires par leur action. L'âme, ce principe spirituel, ce principe de toute connaissance, est toujours en opposition avec cet autre principe animal et purement matériel : le premier est une lumière pure qu'accompagnent le calme et la sérénité, une source salutaire dont émanent la science, la raison, la sagesse ; l'autre est une fausse lueur qui ne brille que par la tempête et dans l'obscurité, un torrent impétueux qui roule et entraîne à sa suite les passions et les erreurs.

Le principe animal se développe le premier ; comme il est purement matériel, et qu'il consiste dans la durée des ébranlemens et le renouvellement des impressions formées dans notre sens intérieur matériel par les objets analogues ou contraires à nos appétits, il commence à agir dès que le corps peut sentir de la douleur ou du plaisir ; il nous détermine le premier et aussitôt que nous pouvons

10.

faire usage de nos sens. Le principe spirituel se manifeste plus tard; il se développe, il se perfectionne au moyen de l'éducation; c'est par la communication des pensées d'autrui que l'enfant en acquiert et devient lui-même pensant et raisonnable, et sans cette communication il ne serait que stupide ou fantasque, selon le degré d'inaction ou d'activité de son sens intérieur matériel.

Considérons un enfant lorsqu'il est en liberté et loin de l'œil de ses maîtres, nous pouvons juger de ce qui se passe au dedans de lui par le résultat de ses actions extérieures : il ne pense ni ne réfléchit à rien, il suit indifféremment toutes les routes du plaisir, il obéit à toutes les impressions des objets extérieurs, il s'agite sans raison, il s'amuse, comme les jeunes animaux, à courir, à exercer son corps, il va, vient et revient sans dessein, sans projet, il agit sans ordre et sans suite; mais bientôt, rappelé par la voix de ceux qui lui ont appris à penser, il se compose, il dirige ses actions, et donne des preuves qu'il a conservé les pensées qu'on lui a communiquées. Le principe matériel domine donc dans l'enfance, et il continuerait de dominer et d'agir presque seul pendant toute la vie, si l'éducation ne venait à développer le principe spirituel, et à mettre l'âme en exercice.

Il est aisé, en rentrant en soi-même, de reconnaître l'existence de ces deux principes : il y a des instans dans la vie, il y a même des heures, des jours, des saisons, où nous pouvons juger, non-seulement de la certitude de leur existence, mais aussi de leur contrariété d'action. Je veux parler de ces temps d'ennui, d'indolence, de dégoût, où nous ne pouvons nous déterminer à rien, où nous voulons ce que nous ne faisons pas, et faisons ce que nous ne voulons pas ; de cet état ou de cette maladie à laquelle on a donné le nom de vapeurs, état où se trouvent si souvent les hommes oisifs, et même les hommes qu'aucun travail ne commande. Si nous nous observons dans cet état, notre *moi* nous paraîtra divisé en deux personnes, dont la première, qui représente la faculté raisonnable, blâme ce que fait la seconde, mais n'est pas assez forte pour s'y opposer efficacement et la vaincre ; au contraire, cette dernière étant formée de toutes les illusions de nos sens et de notre imagination, elle contraint, elle enchaîne, et souvent elle accable la première, et nous fait agir contre ce que nous pensons, ou nous force à l'inaction, quoique nous ayons la volonté d'agir.

Dans le temps où la faculté raisonnable domine, on s'occupe tranquillement de soi-même, de ses amis, de ses affaires; mais on s'aperçoit encore, ne fût-ce que par des distractions involontaires, de la présence de l'autre principe. Lorsque celui-ci vient à dominer à son tour, on se livre ardemment à la dissipation, à ses goûts, à ses passions; et à peine réfléchit-on par instans sur les objets mêmes qui nous occupent et qui nous remplissent tout entiers. Dans ces deux états nous sommes heureux, dans le premier nous commandons avec satisfaction, et dans le second nous obéissons encore avec plus de plaisir : comme il n'y a que l'un des deux principes qui soit alors en action, et qu'il agit sans opposition de la part de l'autre, nous ne sentons aucune contrariété intérieure; notre *moi* nous paraît simple, parce que nous n'éprouvons qu'une impulsion simple, et c'est dans cette unité d'action que consiste notre bonheur; car pour peu que par des réflexions nous venions à blâmer nos plaisirs, ou que par la violence de nos passions nous cherchions à haïr la raison, nous cessons dès lors d'être heureux, nous perdons l'unité de notre existence, en quoi consiste notre tranquillité; la contrariété intérieure se renouvelle, les deux personnes se représentent en opposition, et les deux principes se font sentir et se manifestent par les doutes, les inquiétudes et les remords.

De là on peut conclure que le plus malheureux de tous les états est celui où ces deux puissances souveraines de la nature de l'homme sont toutes deux en grand mouvement, mais en mouvement égal, et qui fait équilibre; c'est là le point de l'ennui le plus profond et de cet horrible dégoût de soi-même, qui ne nous laisse d'autre désir que celui de cesser d'être, et ne nous permet qu'autant d'action qu'il en faut pour nous détruire, en tournant froidement contre nous des armes de fureur.

Quel état affreux! je viens d'en peindre la nuance la plus noire; mais combien n'y a-t-

il pas d'autres sombres nuances qui doivent
la précéder! Toutes les situations voisines de
cette situation, tous les états qui approchent
de cet état d'équilibre, et dans lesquels les
deux principes opposés ont peine à se surmonter, et agissent en même temps et avec
des forces presque égales, sont des temps de
trouble, d'irrésolution et de malheur; le
corps même vient à souffrir de ce désordre
et de ces combats intérieurs, il languit dans
l'accablement, ou se consume par l'agitation
que cet état produit.

L'AGE D'OR.

DANS le premier âge, au siècle d'or, l'homme, innocent comme la colombe, mangeait du
gland, buvait de l'eau; trouvant partout sa
subsistance, il était sans inquiétude, vivait
indépendant, toujours en paix avec lui-même,
avec les animaux; mais, dès qu'oubliant sa
noblesse, il sacrifia sa liberté pour se réunir
aux autres, la guerre, l'âge de fer prirent la
place de l'or et de la paix; la cruauté, le
goût de la chair et du sang furent les pre-

miers fruits d'une nature dépravée, que les mœurs et les arts achevèrent de corrompre.

Voilà ce que dans tous les temps certains philosophes austères, sauvages, par tempérament, ont reproché à l'homme en société : rehaussant leur orgueil individuel par l'humiliation de l'espèce entière, ils ont exposé ce tableau, qui ne vaut que par le contraste, et peut-être parce qu'il est bon de présenter quelquefois aux hommes des chimères de bonheur.

Cet état idéal d'innocence, de haute tempérance, d'abstinence entière de la chair, de tranquillité parfaite, de paix profonde, a-t-il jamais existé? N'est-ce pas un apologue, une fable, où l'on emploie l'homme comme un animal pour nous donner des leçons ou des exemples? Peut-on même supposer qu'il y eût des vertus avant la société? Peut-on dire de bonne foi que cet état sauvage mérite nos regrets, que l'homme animal farouche fût plus digne que l'homme citoyen civilisé? Oui, car tous les malheurs viennent de la société; et qu'importe qu'il y eût des vertus dans l'état de nature, s'il y avait du bonheur, si l'homme dans cet état était seulement moins malheureux qu'il ne l'est? La liberté, la santé, la force, ne sont-elles pas préférables à la mollesse, à la sensualité, à la volupté même, accompagnées de l'esclavage! La privation des peines vaut bien l'usage des plaisirs; et pour être heureux, que faut-il, sinon de ne rien désirer.

Si cela est, disons en même temps qu'il est plus doux de végéter que de vivre, de ne rien apréter que de satisfaire son appétit, de dormir d'un sommeil apathique que d'ouvrir les yeux pour voir et pour sentir; consentons à laisser notre âme dans l'engourdissement, notre esprit dans les ténèbres, à ne nous jamais servir ni de l'une ni de l'autre, à nous mettre au-dessous des animaux, à n'être enfin que des masses de matière brute attachées à la terre.

L'HOMME EN SOCIÉTÉ.

PARMI les hommes, la société dépend moins des convenances physiques que des relations morales. L'homme a d'abord mesuré sa force

et sa faiblesse, il a comparé son ignorance et
sa curiosité, il a senti que seul il ne pouvait
suffire ni satisfaire par lui-même à la multipli-
cité de ses besoins, il a reconnu l'avantage
qu'il aurait à renoncer à l'usage illimité de
sa volonté pour acquérir un droit sur la
volonté des autres, il a réfléchi sur l'idée du
bien et du mal, il l'a gravée au fond de son
cœur à la faveur de la lumière naturelle qui
lui a été départie par la bonté du Créateur;
il a vu que la solitude n'était pour lui qu'un
état de danger et de guerre, il a cherché la
sûreté et la paix dans la société, il y a porté
ses forces et ses lumières pour les augmenter
en les réunissant à celles des autres : cette
réunion est de l'homme l'ouvrage le meilleur;
c'est de sa raison l'usage le plus sage. En
effet, il n'est tranquille, il n'est fort, il n'est
grand, il ne commande à l'univers que parce
qu'il a su se commander à lui-même, se
dompter, se soumettre et s'imposer des lois;
l'homme en un mot n'est homme que parce
qu'il a su se réunir à l'homme.

LES PEINES ET LES PLAISIRS.

Dans l'homme, le plaisir et la douleur physiques ne font que la moindre partie de ses peines et de ses plaisirs : son imagination, qui travaille continuellement, fait tout, ou plutôt ne fait rien que pour son malheur; car elle ne présente à l'âme que des fantômes vains ou des images exagérées, et la force à s'en occuper : plus agitée par ces illusions qu'elle ne le peut être par les objets réels, l'âme perd sa faculté de juger, et même son empire; elle ne compare que des chimères, elle ne veut plus qu'en second, et souvent elle veut l'impossible; sa volonté, qu'elle ne détermine plus, lui devient donc à charge; ses désirs outrés sont des peines, et ses vaines espérances sont tout au plus de faux plaisirs qui disparaissent et s'évanouissent dès que le calme succède, et que l'âme reprenant sa place vient à les juger.

Nous nous préparons donc des peines toutes les fois que nous cherchons des plaisirs; nous sommes malheureux dès que nous désirons d'être plus heureux. Le bonheur est au dedans de nous-mêmes, il nous a été donné; le malheur est au dehors, et nous l'allons chercher. Pourquoi ne sommes nous pas convaincus que la jouissance paisible de notre âme est notre seul et vrai bien, que nous ne pouvons l'augmenter sans risquer de le perdre, que moins nous désirons, et plus nous possédons; qu'enfin tout ce que nous voulons au delà de ce que la nature peut nous donner, est peine, et que rien n'est plaisir que ce qu'elle nous offre?

Or, la nature nous a donné et nous offre encore à tout instant des plaisirs sans nombre; elle a pourvu à nos besoins, elle nous a munis contre la douleur; il y a dans le physique infiniment plus de bien que de mal, ce n'est donc pas la réalité, c'est la chimère qu'il faut craindre; ce n'est ni la douleur du corps, ni les maladies, ni la mort, mais l'agitation de l'âme, les passions et l'ennui, qui sont à redouter.

Les animaux n'ont qu'un moyen d'avoir du plaisir, c'est d'exercer leur sentiment pour satisfaire leur appétit; nous avons cette même faculté, et nous avons de plus un autre moyen de plaisir, c'est d'exercer notre esprit, dont l'appétit est de savoir. Cette source de plaisir serait la plus abondante et la plus pure, si nos passions, en s'opposant à son cours, ne venaient à la troubler; elles détournent l'âme de toute contemplation; dès qu'elles ont pris le dessus, la raison est dans le silence, ou du moins elle n'élève plus qu'une voix faible et souvent importune, le dégoût de la vérité suit, le charme de l'illusion augmente, l'erreur se fortifie, nous entraîne et conduit au malheur; car quel malheur plus grand que de ne plus rien voir tel qu'il est, de ne plus rien juger que relativement à sa passion, de n'agir que par son ordre, de paraître en conséquence injuste ou ridicule aux autres, et d'être forcé de se mépriser soi-même lorsqu'on vient à s'examiner!

Dans cet état d'illusion et de ténèbres, nous voudrions changer la nature même de notre âme : elle ne nous a été donnée que pour connaître, nous ne voudrions l'employer qu'à sentir; si nous pouvions étouffer en entier sa lumière, nous n'en regretterions pas la perte, nous envierions volontiers le sort des insensés : comme ce n'est plus que par intervalles que nous sommes raisonnables, et que ces intervalles de raison nous sont à charge et se passent en reproches secrets, nous voudrions les supprimer; ainsi, marchant toujours d'illusions en illusions, nous cherchons volontairement à nous perdre de vue pour arriver bientôt à ne nous plus connaître, et finir par nous oublier.

Une passion sans intervalles est démence, et l'état de démence est pour l'âme un état de mort. De violentes passions avec des intervalles sont des accès de folie, des maladies de l'âme d'autant plus dangereuses qu'elles sont plus longues et plus fréquentes. La sagesse n'est que la somme des intervalles de santé que ces accès nous laissent; cette somme n'est point celle de notre bonheur; car nous sentons alors que notre âme a été malade, nous blâmons nos passions, nous condamnons nos actions. La folie est le germe du malheur, et c'est la sagesse qui le développe : la plupart de ceux qui se disent malheureux sont des hommes passionnés, c'est-à-dire des fous, auxquels il reste quelques intervalles de raison, pendant lesquels ils connaissent leur folie, et sentent par conséquent leur malheur; et comme il y a dans les conditions élevées plus de faux désirs, plus de vaines prétentions, plus de passions désordonnées, plus d'abus de son âme, que dans les états inférieurs, les grands sont sans doute de tous les hommes les moins heureux.

Mais détournons les yeux de ces tristes objets et de ces vérités humiliantes; considérons l'homme sage, le seul qui soit digne d'être considéré : maître de lui-même, il l'est des événemens; content de son état, il ne veut être que comme il a toujours été, ne vivre que comme il a toujours vécu; se suffisant à lui-même, il n'a qu'un faible besoin des autres, il ne peut leur être à charge; occupé continuellement à exercer les facultés de son âme, il perfectionne son entendement, il cultive son esprit, il acquiert de nouvelles connaissances, et se satisfait à tout instant sans remords, sans dégoût; il jouit de tout l'univers en jouissant de lui-même.

Un tel homme est sans doute l'être le plus

heureux de la nature ; il joint aux plaisirs du corps, qui lui sont communs avec les animaux, les joies de l'esprit, qui n'appartiennent qu'à lui : il a deux moyens d'être heureux, qui s'aident et se fortifient mutuellement ; et si, par un dérangement de santé, ou par quelque autre accident, il vient à ressentir de la douleur, il souffre moins qu'un autre ; la force de son âme le soutient, la raison le console ; il a même de la satisfaction en souffrant, c'est de se sentir assez fort pour souffrir.

LA MÉMOIRE.

CHEZ nous la mémoire émane de la puissance de réfléchir ; car le souvenir que nous avons des choses passées suppose, non-seulement la durée des ébranlemens de notre sens intérieur matériel, c'est-à-dire le renouvellement de nos sensations antérieures, mais encore les comparaisons que notre âme a faites de ces sensations, c'est-à-dire les idées qu'elle en a formées. Si la mémoire ne consistait que dans le renouvellement des sensations passées, ces sensations se représenteraient à notre sens intérieur sans y laisser une impression déterminée; elles se présenteraient sans aucun ordre, sans liaison entre elles, à peu près comme elles se présentent dans l'ivresse ou dans certains rêves, où tout est si décousu, si peu suivi, si peu ordonné, que nous ne pouvons en conserver le souvenir; car nous ne nous souvenons que des choses qui ont des rapports avec celles qui les ont précédées ou suivies; et toute sensation isolée qui n'aurait aucune liaison avec les autres sensations, quelque forte qu'elle pût être, ne laisserait aucune trace dans notre esprit; or, c'est notre âme qui établit ces rapports entre les choses, par la comparaison qu'elle fait des unes avec les autres; c'est elle qui forme la liaison de nos sensations, et qui ourdit la trame de nos existences par un fil continu d'idées. La mémoire consiste donc dans une succession d'idées, et suppose nécessairement la puissance qui les produit.

Mais pour ne laisser, s'il est possible, aucun doute sur ce point important, voyons quelle est l'espèce de souvenir que nous laissent nos sensations lorsqu'elles n'ont point été

accompagnées d'idées. La douleur et le plaisir sont de pures sensations, et les plus fortes
de toutes; cependant, lorsque nous voulons
nous rappeler ce que nous avons senti dans
les instans les plus vifs de plaisir ou de douleur, nous ne pouvons le faire que faiblement,
confusément; nous nous souvenons seulement
que nous avons été flattés ou blessés; mais
notre souvenir n'est pas distinct; nous ne
pouvons nous représenter ni l'espèce, ni le
degré, ni la durée de ces sensations, qui nous
ont cependant si fortement ébranlés, et nous
sommes d'autant moins capables de nous les
représenter, qu'elles ont été moins répétées
et plus rares. Une douleur, par exemple,
que nous n'aurons éprouvée qu'une fois,
qui n'aura duré que quelques instans, et
qui sera différente des douleurs que nous
éprouvons habituellement, sera nécessairement bientôt oubliée, quelque vive qu'elle ait
été; et quoique nous nous souvenions que
dans cette circonstance nous avons ressenti
une grande douleur, nous n'avons qu'une
faible réminiscence de la sensation même,
tandis que nous avons une mémoire nette des

circonstances qui l'accompagnaient et du temps où elle nous est arrivée.

Pourquoi tout ce qui s'est passé dans notre enfance est-il presque entièrement oublié? et pourquoi les vieillards ont-ils un souvenir plus présent de ce qui leur est arrivé dans le moyen âge que de ce qui leur arrive dans leur vieillesse? Y a-t-il une meilleure preuve que les sensations toutes seules ne suffisent pas pour produire la mémoire, et qu'elle n'existe en effet que dans la suite des idées que notre âme peut tirer de ces sensations? Car, dans l'enfance, les sensations sont aussi et peut-être plus vives et plus rapides que dans le moyen âge, et cependant elles ne laissent que peu ou point de traces, parce qu'à cet âge la puissance de réfléchir, qui seule peut former des idées, est dans une inaction presque totale, et que, dans les momens où elle agit, elle ne compare que des superficies, elle ne combine que de petites choses, pendant un petit temps, elle ne met rien en ordre, elle ne réduit rien en suite. Dans l'âge mûr, où la raison est entièrement développée, parce que la puissance de réfléchir est en entier exercice, nous tirons de nos sensations tout le fruit qu'elles peuvent produire, et nous nous formons plusieurs ordres d'idées et plusieurs chaînes de pensées dont chacune fait une trace durable, sur laquelle nous repassons si souvent, qu'elle devient profonde, ineffaçable, et que plusieurs années après, dans le temps de notre vieillesse, ces mêmes idées se présentent avec plus de force que celles que nous pouvons tirer immédiatement des sensations actuelles, parce qu'alors ces sensations sont faibles, lentes, émoussées, et qu'à cet âge l'âme même participe à la langueur du corps. Dans l'enfance le temps présent est tout : dans l'âge mûr on jouit également du passé, du présent et de l'avenir; et dans la vieillesse on sent peu le présent, on détourne les yeux de l'avenir, et on ne vit que dans le passé. Ces différences ne dépendent-elles pas entièrement de l'ordonnance que notre âme a faite de nos sensations, et ne sont-elles pas relatives au plus ou moins de facilité que nous avons dans ces différens âges à former, à acquérir et à conserver des idées ? L'enfant qui jase et le vieillard qui radote n'ont ni l'un ni l'autre le ton de la raison, parce qu'ils manquent également d'idées ; le premier ne peut encore en former, et le second n'en forme plus.

Un imbécile, dont les sens et les organes corporels nous paraissent sains et bien disposés, a comme nous des sensations de toutes espèces ; il les aura aussi dans le même ordre s'il vit en société et qu'on l'oblige à faire ce que font les autres hommes : cependant, comme ces sensations ne lui font point naître d'idées, qu'il n'y a point de correspondance entre son âme et son corps, et qu'il ne peut réfléchir sur rien, il est en conséquence privé de la mémoire et de la connaissance de soi-même. Cet homme ne diffère en rien de l'animal, quant aux facultés extérieures ; car, quoiqu'il ait une âme, et que par conséquent il possède en lui le principe de la raison, comme ce principe demeure dans l'inaction, et qu'il ne reçoit rien des organes corporels avec lesquels il n'a aucune correspondance, il ne peut influer sur les actions de cet homme, qui dès lors ne peut agir

que comme un animal uniquement déterminé
par ses sensations et par le sentiment de
son existence actuelle et de ses besoins présens. Ainsi l'homme imbécile et l'animal sont
des êtres dont les résultats et les opérations
sont les mêmes à tous égards, parce que l'un
n'a point d'âme, et que l'autre ne s'en sert
point, tous deux manquent de la puissance
de réfléchir, et n'ont par conséquent ni entendement, ni esprit, ni mémoire, mais tous
deux ont des sensations, du sentiment et du
mouvement.

LES RÊVES.

Les imbéciles, dont l'âme est sans action,
rêvent comme les autres hommes; il se produit donc des rêves indépendamment de
l'âme, puisque dans les imbéciles l'âme ne
produit rien; les animaux qui n'ont point
d'âme peuvent donc rêver aussi, et non-seulement il se produit des rêves indépendamment
de l'âme, mais je serais fort porté à croire que
tous les rêves en sont indépendans. Je demande seulement que chacun réfléchisse sur

ses rêves, et tâche à reconnaître pourquoi les parties en sont si mal liées et les événemens si bizarres ; il m'a paru que c'était principalement parce qu'ils ne roulent que sur des sensations et point du tout sur des idées. L'idée du temps, par exemple, n'y entre jamais ; on se représente bien les personnes que l'on n'a pas vues, et mêmes celles qui sont mortes depuis plusieurs années ; on les voit vivantes et telles qu'elles étaient, mais on les joint aux choses actuelles et aux personnes présentes, ou à des choses et à des personnes d'un autre temps : il en est de même de l'idée du lieu, on ne voit pas où elles étaient ; les choses qu'on se représente, on les voit ailleurs, où elles ne pouvaient être : si l'âme agissait, il ne lui faudrait qu'un instant pour mettre de l'ordre dans cette suite décousue, dans ce chaos de sensations ; mais ordinairement elle n'agit point, elle laisse les représentations se succéder en désordre, et quoique chaque objet se présente vivement, la succession en est souvent confuse et toujours chimérique : et s'il arrive que l'âme soit à demi-réveillée par l'énormité de ces disparates, ou seulement par la force de ces sensations, elle jettera sur-le-champ une étincelle de lumière au milieu des ténèbres, elle produira une idée réelle dans le sein même des chimères; on rêvera que tout cela pourrait bien n'être qu'un rêve; je devrais dire on pensera; car, quoique cette action ne soit qu'un petit signe de l'âme, ce n'est point une sensation ni un rêve, c'est une pensée, une réflexion, mais qui, n'étant pas assez forte pour dissiper l'illusion, s'y mêle, en devient partie, et n'empêche pas les représentations de se succéder, en sorte qu'au réveil on imagine avoir rêvé cela même qu'on avait pensé.

Dans les rêves on voit beaucoup, on entend rarement, on ne raisonne point, on sent vivement; les images se suivent, les sensations se succèdent sans que l'âme les compare ni les réunisse · on n'a donc que des sensations et point d'idées, puisque les idées ne sont que les comparaisons des sensations; ainsi les rêves ne résident que dans le sens intérieur matériel, l'âme ne les produit point; ils feront donc partie de ce souvenir animal, de cette espèce de réminiscence matérielle dont nous avons parlé : la mémoire, au contraire, ne peut exister sans l'idée du temps, sans la comparaison des idées antérieures et des idées actuelles ; et puisque ces idées n'entrent point dans les rêves, il paraît démontré qu'ils ne peuvent être ni une conséquence, ni un effet, ni une preuve de la mémoire. Mais quand même on voudrait soutenir qu'il y a quelquefois des rêves d'idées, quand on citerait, pour le prouver, les somnambules, les gens qui parlent en dormant et disent des choses suivies, qui répondent à des questions, etc., et que l'on en inférerait que les idées ne sont pas exclues des rêves, du moins aussi absolument que je le prétends, il me suffirait, pour ce que j'avais à prouver, que le renouvellement des sensations puisse les produire ; car dès lors les animaux n'auront que des rêves de cette espèce, et ces rêves, bien loin de supposer la mémoire, n'indiquent au contraire que la réminiscence matérielle.

A l'égard de la cause occasionelle des rêves, qui fait que les sensations antérieures se renouvellent sans être excitées par les

objets présens ou par des sensations actuelles,
on observera que l'on ne rêve point lorsque
le sommeil est profond; tout est alors assoupi,
on dort en dehors et en dedans; mais le sens
intérieur s'endort le dernier et se réveille
le premier, parce qu'il est plus vif, plus actif,
plus aisé à ébranler que les sens extérieurs :
le sommeil est dès lors moins complet et
moins profond, c'est là le temps des songes
illusoires; les sensations antérieures, surtout
celles sur lesquelles nous n'avons pas réfléchi,
se renouvellent; le sens intérieur ne pouvant
être occupé par des sensations actuelles à
cause de l'inaction des sens externes, agit et
s'exerce sur ses sensations passées; les plus
fortes sont celles qu'il saisit le plus souvent;
plus elles sont fortes, plus les situations sont
excessives ; et c'est par cette raison que presque tous les rêves sont effroyables ou charmans.

Il n'est pas même nécessaire que les sens
extérieurs soient absolument assoupis pour
que le sens intérieur matériel puisse agir de
son propre mouvement; il suffit qu'ils soient
sans exercice. Dans l'habitude où nous som-

mes de nous livrer régulièrement à un repos anticipé, on ne s'endort pas toujours aisément; le corps et les membres mollement étendus sont sans mouvement; les yeux, doublement voilés par la paupière et les ténèbres, ne peuvent s'exercer; la tranquillité du lieu et le silence de la nuit rendent l'oreille inutile, les autres sens sont également inactifs, tout est en repos, et rien n'est encore assoupi : dans cet état, lorsqu'on ne s'occupe pas d'idées, et que l'âme est aussi dans l'inaction, l'empire appartient au sens intérieur matériel; il est alors la seule puissance qui agisse, c'est là le temps des images chimériques, des ombres voltigeantes; on veille, et cependant on éprouve les effets du sommeil : si l'on est en pleine santé, c'est une suite d'images agréables, d'illusions charmantes; mais pour peu que le corps soit souffrant ou affaissé, les tableaux sont bien différens; on voit des figures grimaçantes, des visages de vieilles, des fantômes hideux qui semblent s'adresser à nous, et qui se succèdent avec autant de bizarrerie que de rapidité; c'est la lanterne magique; c'est une scène de chimères qui remplissent le cerveau vide alors de toute autre sensation; et les objets de cette scène ont d'autant plus vifs, d'autant plus nombreux, d'autant plus désagréables, que les autres facultés animales sont plus lésées, que les nerfs sont plus délicats, et que l'on est plus faible, parce que les ébranlemens causés par les sensations réelles étant, dans cet état de faiblesse ou de maladie, beaucoup plus forts et plus désagréables que dans l'état de santé, les représentations de ces sensations, que produit le renouvellement de ces ébranlemens, doivent aussi être plus vives et plus désagréables.

Au reste, nous nous souvenons de nos rêves par la même raison que nous nous souvenons des sensations que nous venons d'éprouver; et la seule différence qu'il y ait ici entre les animaux et nous, c'est que nous distinguons parfaitement ce qui appartient à nos rêves de ce qui appartient à nos idées ou à nos sensations réelles; et ceci est une comparaison, une opération de la mémoire, dans laquelle entre l'idée du temps; les animaux, au contraire, qui sont privés de la mémoire et de cette puissance de comparer les temps, ne peuvent distinguer leurs rêves de leurs sensations réelles, et l'on peut dire que ce qu'ils ont rêvé leur est effectivement arrivé.

L'IMAGINATION.

L'imagination est une faculté de l'âme : si nous entendons par ce mot imagination la puissance que nous avons de comparer des images avec des idées, de donner des couleurs à nos pensées, de représenter et d'agrandir nos sensations, de peindre le sentiment, et en un mot de saisir vivement les circonstances, et de voir nettement les rapports éloignés des objets que nous considérons, cette puissance de notre âme en est même la qualité la plus brillante et la plus active : c'est l'esprit supérieur, c'est le génie ; les animaux en sont encore plus dépourvus que d'entendement et de mémoire : mais il y a une autre imagination, un autre principe qui dépend uniquement des organes corporels, et qui nous est commun avec les animaux; c'est cette action tumultueuse et forcée qui s'excite au dedans de nous-mêmes par les objets analogues ou contraires à nos appétits; c'est cette impression vive et profonde des images de ces objets, qui malgré nous se renouvelle à tout instant, et nous contraint d'agir comme les animaux, sans réflexion, sans délibération: cette représentation des objets, plus active encore que leur présence, exagère tout, falsifie tout. Cette imagination est l'ennemie de notre âme: c'est la source de l'illusion, la mère des passions qui nous maîtrisent, nous emportent malgré les efforts de la raison, et nous rendent le malheureux théâtre d'un combat continuel où nous sommes presque toujours vaincus.

LA PITIÉ.

La pitié naturelle est fondée sur les rapports que nous avons avec l'objet qui souffre; elle est d'autant plus vive, que la ressemblance, la conformité de nature est plus grande; on souffre en voyant souffrir son semblable. *Compassion;* ce mot exprime assez que c'est une souffrance, une passion qu'on partage ; cependant, c'est moins l'homme qui souffre, que sa propre nature qui pâtit, qui se révolte machinalement et se met d'elle-même à l'unisson de douleur. L'âme a moins de part que le corps à ce sentiment de pitié naturelle, et les animaux en sont susceptibles comme l'homme : le cri de la douleur les émeut ; ils accourent pour se secourir, ils reculent à la vue d'un cadavre de leur espèce. Ainsi, l'horreur et la pitié sont moins des passions de l'âme que des affections naturelles qui dépendent de la sensibilité du corps et de la similitude de la conformation ; ce senti-ment doit donc diminuer à mesure que les natures s'éloignent. Un chien qu'on frappe, un agneau qu'on égorge, nous font quelque pitié ; un arbre que l'on coupe, une huître qu'on mord, ne nous en font aucune.

DE LA SENSATION
ET DU SENTIMENT.

Distinguons la sensation du sentiment : la sensation n'est qu'un ébranlement dans le sens, et le sentiment est cette même sensation devenue agréable ou désagréable par la propagation de cet ébranlement dans tout le système sensible : je dis la sensation devenue agréable ou désagréable , car c'est là ce qui constitue l'essence du sentiment ; son caractère unique est le plaisir ou la douleur ; et tous les mouvemens qui ne tiennent ni de l'une ni de l'autre, quoiqu'ils se passent au dedans de nous-mêmes, nous sont indifférens et ne nous affectent point. C'est du sentiment que dépend tout le mouvement extérieur et l'exercice de toutes les forces de l'animal ; il n'agit qu'autant qu'il est affecté, c'est-à-dire autant qu'il sent ; et cette même partie, que nous regardons comme le centre du sentiment, sera aussi le centre des forces, ou, si l'on veut, le point d'appui commun sur lequel elles s'exercent.

Pour peu qu'on s'examine, on s'apercevra aisément que toutes les affections intimes, les émotions vives, les épanouissemens de plaisir, les saisissemens, les douleurs, les nausées, les défaillances, toutes les impressions fortes des sensations devenues agréables ou désagréables, se font sentir au dedans du corps, à la région même du diaphragme. Il n'y a au contraire nul indice de sentiment dans le cerveau, et l'on n'a dans la tête que les sensations pures, ou plutôt les représentations de ces mêmes sensations simples et dénuées des caractères du sentiment; seulement on se souvient, on se rappelle que telle ou telle sensation nous a été agréable ou désagréable; et si cette opération, qui se fait dans la tête, est suivie d'un sentiment vif et réel, alors on en sent l'impression au dedans du corps, et toujours à la région du diaphragme.

MODES.

Quoique les modes semblent n'avoir d'autre origine que le caprice et la fantaisie, les caprices adoptés et les fantaisies générales méritent d'être examinés; les hommes ont toujours fait et feront toujours cas de tout ce qui peut fixer les yeux des autres hommes et leur donner en même temps des idées avantageuses de richesses, de puissance, de grandeur, etc. La valeur de ces pierres brillantes qui de tout temps ont été regardées comme des ornemens précieux, n'est fondée que sur leur rareté et sur leur éclat éblouissant; il en est de même de ces métaux éclatans dont le poids nous paraît si léger lorsqu'il est réparti sur tous les plis de nos vêtemens pour en faire la parure : ces pierres, ces métaux sont moins des ornemens pour nous que des signes pour les autres auxquels ils doivent nous remarquer et reconnaître nos richesses; nous tâchons de leur en donner une plus grande idée en agrandissant la surface de ces métaux : nous voulons fixer leurs yeux, ou plutôt les éblouir; combien peu y en a-t-il en effet qui soient capables de séparer la personne de son vêtement et de juger sans mélange l'homme et le métal !

Tout ce qui est rare et brillant sera donc toujours de mode, tant que les hommes tireront plus d'avantage de l'opulence que de la

vertu, tant que les moyens de paraître considérable seront si différens de ce qui mérite
seul d'être considéré. L'éclat extérieur dépend
beaucoup de la manière de se vêtir; cette
manière prend des formes différentes, selon
les différens points de vue sous lesquels nous
voulons être regardés : l'homme modeste, ou
qui veut le paraître, veut en même temps
marquer cette vertu par la simplicité de son
habillement; l'homme glorieux ne néglige rien
de ce qui peut étayer son orgueil ou flatter
sa vanité; on le reconnaît à la richesse ou à la
recherche de ses ajustemens.

Un autre point de vue que les hommes ont
assez généralement, est de rendre leur corps
plus grand, plus étendu : peu contens du
petit espace dans lequel est circonscrit notre
être, nous voulons tenir plus de place en ce
monde que la nature ne peut nous en donner,
nous cherchons à agrandir notre figure par
des chaussures élevées, par des vêtemens
renflés; quelque amples qu'ils puissent être,
la vanité qu'ils couvrent n'est-elle pas encore
plus grande? Pourquoi la tête d'un docteur
est-elle environnée d'une quantité énorme de

cheveux empruntés, et que celle d'un homme du bel air en est si légèrement garnie? L'un veut qu'on juge de l'étendue de sa science par la capacité physique de cette tête dont il grossit le volume apparent, et l'autre ne cherche à le diminuer que pour donner l'idée de la légèreté de son esprit.

Il y a des modes dont l'origine est plus raisonnable; ce sont celles où l'on a eu pour but de cacher des défauts et de rendre la nature moins désagréable. A prendre les hommes en général, il y a beaucoup plus de figures défectueuses et de laids visages que de personnes belles et bien faites : les modes, qui ne sont que l'usage du plus grand nombre, usage auquel le reste se soumet, ont donc été introduites, établies par ce grand nombre de personnes intéressées à rendre leurs défauts plus supportables. Les femmes ont coloré leur visage lorsque les roses de leur teint se sont flétries, et lorsqu'une pâleur naturelle les rendoit moins agréables que les autres; cet usage est presque universellement répandu chez tous les peuples de la terre; celui de se blanchir les cheveux avec de la poudre et de les enfler par la frisure, quoique beaucoup moins général et bien plus nouveau, paraît avoir été imaginé pour faire sortir davantage les couleurs du visage, et en accompagner plus avantageusement la forme.

SUR LE PROGRÈS
DES LANGUES.

Les hommes ont commencé par donner différens noms aux choses qui leur ont paru distinctement différentes, et en même temps ils ont fait des dénominations générales pour tout ce qui leur paraissait à peu près semblable. Chez les peuples grossiers et dans toutes les langues naissantes, il n'y a presque que des noms généraux, c'est-à-dire des expressions vagues et informes de choses du même ordre, et cependant très-différentes entre elles; un chêne, un hêtre, un tilleul, un sapin, un if, un pin, n'auront d'abord eu d'autre nom que celui d'*arbre;* ensuite le chêne, le hêtre, le tilleul, se seront tous trois appelés chênes lorsqu'on les aura distingués du sapin, du pin, de l'if, qui tous trois

1. Sajou brun — 2. Singe au long nez.
3. Tamarin ou Singe à longues oreilles.

se seront appelés sapin. Les noms particuliers ne sont venus qu'à la suite de la comparaison et de l'examen détaillé qu'on a fait de chaque espèce de choses : on a augmenté le nombre de ces noms à mesure qu'on a plus étudié et mieux connu la nature; plus on l'examinera, plus on la comparera, plus il y aura de noms propres et de dénominations particulières. Lorsqu'on nous la présente donc aujourd'hui par des dénominations générales, c'est-à-dire par des genres, c'est nous renvoyer à l'A B C de toute connaissance, et rappeler les ténèbres de l'enfance des hommes : l'ignorance a fait les genres, la science a fait et fera les noms propres; et nous ne craindrons pas d'augmenter le nombre des dénominations particulières, toutes les fois que nous voudrons désigner des espèces différentes.

COMPARAISON DE L'HOMME
ET DE L'ANIMAL.

En comparant l'homme avec l'animal, on trouvera dans l'un et dans l'autre un corps, une matière organisée, des sens, de la chair et du sang, du mouvement, et une infinité de choses semblables; mais toutes ces ressemblances sont extérieures, et ne suffisent pas pour nous faire prononcer que la nature de l'homme est semblable à celle de l'animal; pour juger de la nature de l'un et de l'autre, il faudrait connaître les qualités intérieures de l'animal aussi bien que nous connaissons les nôtres; et comme il n'est pas possible que nous ayons jamais connaissance de ce qui se passe à l'intérieur de l'animal, comme nous ne saurons jamais de quel ordre, de quelle espèce peuvent être ses sensations relativement à celles de l'homme, nous ne pouvons juger que par les effets, nous ne pouvons que comparer les résultats des opérations naturelles de l'un et de l'autre.

Voyons donc ces résultats, en commençant par avquer toutes les ressemblances particulières, et en n'examinant que les différences, même les plus générales. On conviendra que le plus stupide des hommes suffit pour conduire le plus spirituel des animaux; il le commande et le fait servir à ses usages, et c'est moins par force et par adresse que par supériorité de nature, et parce qu'il a un projet raisonné, un ordre d'actions et une suite de moyens par lesquels il contraint l'animal à lui obéir; car nous ne voyons pas que les animaux qui sont plus forts et plus adroits commandent aux autres, et les fassent servir à leur usage; les plus forts mangent les plus faibles, mais cette action ne suppose qu'un besoin, un appétit, qualités fort différentes de celles qui peut produire une suite d'actions dirigées vers le même but. Si les animaux étaient doués de cette faculté, n'en verrions-nous pas quelques-uns prendre l'empire sur les autres, et les obliger à leur chercher la nourriture, à les veiller, à les garder, à les soulager lorsqu'ils sont malades ou blessés! Or, il n'y a parmi tous les animaux aucune marque de cette subordination, aucune apparence que quelqu'un d'entre eux connaisse ou sente la supériorité de sa nature sur celle des autres; par conséquent, on doit penser qu'ils sont en effet tous de même nature, et en même temps on doit conclure que celle de l'homme est non-seulement fort au dessus de celle de l'animal, mais qu'elle est aussi tout-à-fait différente.

11*

L'homme rend par un signe extérieur ce qui se passe au dedans de lui; il communique sa pensée par la parole, ce signe est commun à toute l'espèce humaine; l'homme sauvage parle comme l'homme policé, et tous deux parlent naturellement, et parlent pour se faire entendre : aucun des animaux n'a ce signe de la pensée; ce n'est pas, comme on le croit communément, faute d'organes; la langue du singe a paru aux anatomistes aussi parfaite que celle de l'homme; le singe parlerait donc s'il pensait; si l'ordre de ses pensées avait quelque chose de commun avec les nôtres, il parlerait notre langue; et en supposant qu'il n'eût que des pensées de singe, il parlerait aux autres singes; mais on ne les a jamais vus s'entretenir ou discourir ensemble; ils n'ont donc pas même un ordre, une suite de pensées à leur façon, bien loin d'en avoir de semblables aux nôtres; il ne se passe à leur intérieur rien de suivi, rien d'ordonné, puisqu'ils n'expriment rien par des signes combinés et arrangés; ils n'ont donc pas la pensée, même au plus petit degré.

Il est si vrai que ce n'est pas faute d'organes

que les animaux ne parlent pas, qu'on en connaît de plusieurs espèces auxquels on apprend à prononcer des mots, et même à répéter des phrases assez longues; et peut-être y en aurait-il un grand nombre d'autres auxquels on pourrait, si l'on voulait s'en donner la peine, faire articuler quelques sons; mais jamais on n'est parvenu à leur faire naître l'idée que ces mots expriment; ils semblent ne les repéter, et même ne les articuler, que comme un écho ou une machine artificielle les répéterait ou les articulerait : ce ne sont pas les puissances mécaniques ou les organes matériels, mais c'est la puissance intellectuelle, c'est la pensée qui leur manque.

C'est donc parce qu'une langue suppose une suite de pensées, que les animaux n'en ont aucune; car, quand même on voudrait leur accorder quelque chose de semblable à nos premières appréhensions et à nos sensations les plus grossières et les plus machinales, il paraît certain qu'ils sont incapables de former cette association d'idées qui seule peut produire la réflexion, dans laquelle cependant consiste l'essence de la pensée; c'est parce qu'ils ne peuvent joindre ensemble aucune idée, qu'ils ne pensent ni ne parlent; c'est par la même raison qu'ils n'inventent et ne perfectionnent rien. S'ils étaient doués de la puissance de réfléchir, même au plus petit degré, ils seraient capables de quelque espèce de progrès, ils acquerraient plus d'industrie : les castors d'aujourd'hui bâtiraient avec plus d'art et de solidité que ne bâtissaient les premiers castors. L'abeille perfectionnerait encore tous les jours la cellule qu'elle habite; car, si on suppose que cette cellule est aussi parfaite qu'elle peut l'être, on donne à cet insecte plus d'esprit que nous n'en avons, on lui accorde une intelligence supérieure à la nôtre, par laquelle il apercevrait tout d'un coup le dernier point de perfection auquel il doit porter son ouvrage, tandis que nous-mêmes ne voyons jamais clairement ce point, et qu'il nous faut beaucoup de réflexion, de temps et d'habitude, pour perfectionner le moindre de nos arts.

D'où peut venir cette uniformité dans tous les ouvrages des animaux? Pourquoi chaque espèce ne fait-elle jamais que la même chose

de la même façon? Et pourquoi chaque individu ne la fait-il ni mieux, ni plus mal qu'un
autre individu? Y a-t-il de plus forte preuve
que leurs opérations ne sont que des résultats mécaniques et purement matériels? Car,
s'ils avaient la moindre étincelle de la lumière
qui nous éclaire, on trouverait au moins de
la variété, si l'on ne voyait pas de la perfection dans leurs ouvrages : chaque individu de
la même espèce ferait quelque chose d'un peu
différent de ce qu'aurait fait un autre individu. Mais non, tous travaillent sur le même
modèle, l'ordre de leurs actions est tracé dans
l'espèce entière, il n'appartient point à l'individu ; et si l'on voulait attribuer une âme aux
animaux, on serait obligé à n'en faire qu'une
pour chaque espèce, à laquelle chaque individu participerait également : cette âme serait
donc nécessairement divisible, par conséquent
elle serait matérielle et fort différente de la
nôtre.

Car pourquoi mettons-nous, au contraire,
tant de diversité et de variété dans nos productions et dans nos ouvrages? Pourquoi l'imitation servile nous coûte-t-elle plus qu'un

nouveau dessein? C'est parce que notre âme est à nous, qu'elle est indépendante de celle d'un autre, que nous n'avons rien de commun avec notre espèce que la matière de notre corps, et que ce n'est en effet que par les dernières de nos facultés que nous ressemblons aux animaux.

Si les sensations intérieures appartenaient à la matière et dépendaient des organes corporels, ne verrions-nous pas parmi les animaux de même espèce, comme parmi les hommes, des différences marquées dans leurs ouvrages? Ceux qui seraient le mieux organisés ne feraient-ils pas leurs nids, leurs cellules ou leurs coques, d'une manière plus solide, plus élégante, plus commode? Et si quelqu'un avait plus de génie qu'un autre, pourrait-il ne le pas manifester de cette façon? Or, tout cela n'arrive pas et n'est jamais arrivé : le plus ou le moins de perfection des organes corporels n'influe donc pas sur la nature des sensations intérieures. N'en doit-on pas conclure que les animaux n'ont point de sensations de cette espèce, qu'elles ne peuvent appartenir à la matière, ni dépendre, pour leur nature, des organes corporels? Ne faut-il pas, par conséquent, qu'il y ait en nous une substance différente de la matière, qui soit le sujet et la cause qui produit et reçoit ces sensations?

Mais ces preuves de l'immatérialité de notre âme peuvent s'étendre encore plus loin. Nous avons dit que la nature marche toujours, et agit en tout par degrés imperceptibles et par nuances : cette vérité, qui d'ailleurs ne souffre aucune exception, se dément ici tout-à-fait ; il y a une distance infinie entre les facultés de l'homme et celles du plus parfait animal, preuve évidente que l'homme est d'une différente nature, que seul il fait une classe à part, de laquelle il faut descendre en parcourant un espace infini avant que d'arriver à celle des animaux ; car, si l'homme était de l'ordre des animaux, il y aurait dans la nature un certain nombre d'êtres moins parfaits que l'homme, et plus parfaits que l'animal, par lesquels on descendrait insensiblement et par nuances de l'homme au singe ; mais cela n'est pas, on passe tout d'un coup de l'être pensant à l'être matériel, de la puissance intellectuelle à la force mécanique, de l'ordre et du dessein au mouvement aveugle, de la réflexion à l'appétit.

En voilà plus qu'il n'en faut pour nous démontrer l'excellence de notre nature, et la distance immense que la bonté du Créateur a mise entre l'homme et la bête : l'homme est un être raisonnable, l'animal est un être sans raison ; et comme il n'y a point de milieu entre le positif et le négatif, comme il n'y a point d'êtres intermédiaires entre l'être raisonnable et l'être sans raison, il est évident que l'homme est d'une nature entièrement différente de celle de l'animal, qui ne lui ressemble que par l'extérieur, et que le juger par cette ressemblance matérielle, c'est se laisser tromper par l'apparence, et fermer volontairement les yeux à la lumière, qui doit nous la faire distinguer de la réalité.

AMITIÉ DANS L'HOMME, COMPARÉE
A L'ATTACHEMENT DANS LES ANIMAUX.

L'AMITIÉ suppose la puissance de réfléchir : c'est de tous les attachemens le plus digne de l'homme et le seul qui ne le dégrade point ; l'amitié n'émane que de la raison, l'impression des sens n'y fait rien ; c'est l'âme de son ami qu'on aime, et pour aimer une âme, il faut en avoir une, il faut en avoir fait usage, l'avoir connue, l'avoir comparée et trouvée de niveau à ce que l'on peut connaître de celle d'un autre. L'amitié suppose donc, non-seulement le principe de la connaissance, mais l'exercice actuel et réfléchi de ce principe.

Ainsi l'amitié n'appartient qu'à l'homme, et l'attachement peut appartenir aux animaux : le sentiment seul suffit pour qu'ils s'attachent aux gens qu'ils voient souvent, à ceux qui les soignent, qui les nourrissent, etc.; le seul sentiment suffit encore pour qu'ils s'attachent aux objets dont ils sont forcés de s'occuper. L'attachement des mères pour leurs

petits ne vient que de ce qu'elles ont été fort
occupées à les porter, à les produire, et
qu'elles le sont encore à les allaiter; et si,
dans les oiseaux, les pères semblent avoir quelque attachement pour leurs petits, et paraissent en prendre soin comme les mères, c'est
qu'ils se sont occupés comme elles de la con-
struction du nid, c'est qu'ils l'ont habité avec
leurs femelles; au lieu que dans les autres
espèces d'animaux où il n'y a point de nid,
point d'ouvrages à faire en commun, les
pères ne sont pères que comme on l'était à
Sparte, ils n'ont aucun souci de leur postérité.

DE LA PIÉTÉ ET DE L'HYPOCRISIE.

Tendre Piété! vertu sublime! vous méritez
tous nos respects, vous élevez l'homme au-
dessus de son être, vous l'approchez du Créateur, vous en faites sur la terre un habitant
des cieux. Divine modestie! vous méritez
tout notre amour; vous faites seule la gloire
du sage, vous faites aussi la décence du saint
état des ministres de l'autel; vous n'êtes point

un sentiment acquis par le commerce des hommes, vous êtes un don du ciel, une grâce qu'il accorde en secret à quelques âmes privilégiées pour rendre la vertu plus aimable : vous rendriez même, s'il était possible, le vice moins choquant; mais jamais vous n'avez habité dans un cœur corrompu; la honte y a pris votre place; elle prend aussi vos traits lorsqu'elle veut sortir de ces replis obscurs où le crime l'a fait naître; elle couvre de votre voile sa confusion, sa bassesse; sous ce lâche déguisement elle ose donc paraître; mais elle soutient mal la lumière du jour, elle a l'œil trouble et le regard louche, elle marche à pas obliques dans des routes souterraines où le soupçon la suit; et lorsqu'elle croit échapper à tous les yeux, un rayon de la vérité luit ; il perce le nuage, l'illusion se dissipe, le prestige s'évanouit, le scandale seul reste, et l'on voit à nu toutes les difformités du vice grimaçant la vertu.

Mais détournons les yeux, n'achevons pas le portrait hideux de la noire hypocrisie; ne disons pas que, quand elle a perdu le masque de la honte, elle arbore le panache de l'orgueil, et qu'alors elle s'appelle impudence ; ces monstres odieux sont indignes de faire ici contraste dans le tableau des vertus ; ils souilleraient nos pinceaux ; que la modestie, la piété, la modération, la sagesse, soient mes seuls objets et mes seuls modèles....

Buffon.

HYÈNE.

CET animal sauvage et solitaire demeure dans les cavernes des montagnes, dans les fentes des rochers ou dans des tanières qu'il se creuse lui-même sous terre : il est d'un naturel féroce, et quoique pris tout petit, il ne s'apprivoise pas ; il vit de proie comme le loup, mais il est plus fort et paraît plus hardi ; il attaque quelquefois les hommes, il se jette sur le bétail, suit de près les troupeaux, et souvent rompt dans la nuit les portes des étables et les clôtures des bergeries. Ses yeux brillent dans l'obscurité, et l'on prétend qu'il voit mieux la nuit que le jour. Si l'on en croit tous les naturalistes, son cri ressemble aux sanglots d'un homme

qui vomirait avec effort, ou plutôt aux mugis-
semens du veau, comme le dit Kœmpfer,
témoin auriculaire. L'hyène se défend du lion,
ne craint pas la panthère, attaque l'ours,
lequel ne peut lui résister. Lorsque la proie
lui manque, elle creuse la terre avec les pieds,
et en tire par lambeaux les cadavres des animaux et des hommes que, dans le pays qu'elle
habite, on enterre également dans les champs.
On la trouve dans presque tous les climats
chauds de l'Afrique et de l'Asie, et il paraît
que l'animal appelé *Farasse*, à Madagascar,
qui ressemble au loup par la figure, mais qui
est plus grand, plus fort et plus cruel, pourrait bien être l'hyène.   *Buffon.*

FIN DU PREMIER VOLUME